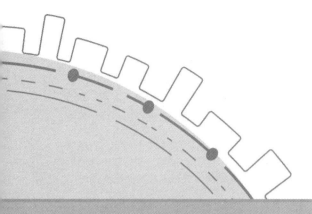

高端电子装备智能制造的融合发展探究

李耀平　杨　挺　段宝岩　编著

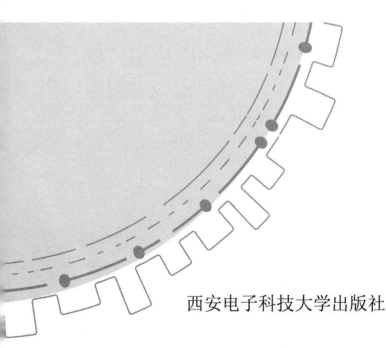

西安电子科技大学出版社

内 容 简 介

随着人工智能技术的快速发展，智能制造已经成为当前各国实现制造业跨越式发展的重要支撑。高端电子装备是指具有高技术含量、高附加值、处于产业链高端的电子装备，如通信导航装备、雷达、大型天线、高性能计算机、高端网络设备等。我国高端电子装备智能制造在硬件、软件、核心技术、制造工艺等方面与世界发达国家相比仍存在较大差距。

本书立足我国高端电子装备智能制造的现状，对高端电子装备智能制造的概念、内涵以及世界制造强国的发展情况进行了初步梳理，对制约发展的问题予以总结分析，创新性地提出了智能化的融合发展路径，从协同创新角度提出了发展建议，并对未来发展趋势做出了展望。

本书适合机械工程、管理科学与工程、电子科学与技术、信息与通信工程等专业的本科生及研究生使用，也适合高等学校、科研院所、制造企业中从事高端电子装备研究及科技管理的工作者阅读参考。

图书在版编目(CIP)数据

高端电子装备智能制造的融合发展探究 / 李耀平，杨挺，段宝岩编著. --西安：西安电子科技大学出版社，2023.12
ISBN 978－7－5606－7000－3

Ⅰ. ①高⋯　Ⅱ. ①李⋯ ②杨⋯ ③段⋯　Ⅲ. ①电子装备－制造－研究－中国
Ⅳ. ①TN97

中国国家版本馆 CIP 数据核字(2023)第 182523 号

策　　划　高维岳　邵汉平
责任编辑　高维岳
出版发行　西安电子科技大学出版社（西安市太白南路 2 号）
电　　话　(029)88202421　88201467　邮　　编　710071
网　　址　www.xduph.com　　　　电子邮箱　xdupfxb001@163.com
经　　销　新华书店
印刷单位　咸阳华盛印务有限公司
版　　次　2023 年 12 月第 1 版　2023 年 12 月第 1 次印刷
开　　本　787 毫米×960 毫米　1/16　印张　10.75
字　　数　141 千字
定　　价　45.00 元
ISBN 978－7－5606－7000－3 / TN
XDUP 7302001-1

＊＊＊ 如有印装问题可调换 ＊＊＊

前 言

　　席卷全球的第四次工业革命掀起了以智能制造、人工智能、云计算、大数据、5G、增材制造、工业互联网等为代表的新技术与新兴产业交汇融合的发展浪潮，现代信息与电子技术被广泛应用到高端装备制造、战略性新兴产业等国家工业制造的诸多领域，发挥出重要的使能、赋能作用，对于传统工业制造的转型升级、跨越发展意义重大。

　　当前，我国工业化正在从2.0、3.0向4.0着力推进，工业制造的数字化、网络化、智能化蓬勃兴起，迭代发展、转型升级成为推进制造强国战略的重心，而关乎先进制造质量与水平的核心元器件、关键基础部件、电子信息功能材料、高端制造装备、高水平制造工艺、高端测试仪器等，在不同程度上存在着对外依赖的问题，在设计、制造、测试等多个环节上亟待突破瓶颈、自主发展。

　　目前，我国在先进制造方面面临着"卡脖子"问题，这些问题的焦点主要集中在高端芯片制造、知识型工业软件、电子装备核心器件和基础部件(如高端电容/电阻、传感器、FPGA、DSP、旋转关节、机器人减速器/控制器/伺服电机等)的设计制造上。其中，高端电子装备是实现工业制造智能化发展、传统工业转型升级的枢纽，其设计、制造、测试等面临着突破关键核心技术、增强自主发展能力的严峻挑战。

　　从全球电子装备制造的历史看，走融合发展之路，是世界制造强国创新发展的成功经验。此处所提出的融合发展，是指融合社会各方面资源，通过集成创新推动电子装备制造的跨越式发展。在具体实践中，军民融合是融合发展的典型。例如，美国在二战后，抢占了信息技术发展的先机，在计算机、集成电路等方面领先全球，其通信装备、互联网、GPS 导航等高端电子装备实现了军民两用深度融合的发展目标，不仅提升了军事电子装备的制造水平，也拓展了民用电子装备的应用市场；欧洲实施军民结合发展策略，在航空、电子、雷达、机器人等方面占据优势，其智能制造走在了全球前列；日本采取"以民掩军"的策略，在精密电子制造、机器人等领域独具特色；以色列推行"以军带民"的发展思路，在通信、计算机、高端装备、半导体等高附加值的产业制造领域居于全球领先水平。

我国实施融合发展战略，为解决高端电子装备制造的自主创新、跨越发展提供了难得的历史机遇。面对智能制造的新挑战，高端电子装备智能制造不仅要在武器装备从机械化、信息化向智能化方向发展的进程中发挥作用，也要在军转民、民参军的国家战略中贡献力量，通过融合发展，推进高端电子装备高性能、低成本、高效率、一体化、高质量、环保型发展目标的早日实现。

我国高端电子装备制造在硬件、软件、核心技术、工艺质量、服务保障等方面与制造强国相比仍存在较大差距。破解这一问题的重要途径之一就是要通过融合发展的推动，实现优势互补、资源共享、取长补短、相互支撑；同时，打通军用和民用装备制造之间的壁垒，破解技术共享与平台建设难题，探索融合发展的高效市场机制，实现高端电子装备制造深度融合发展的创新与跨越。

为此，调研分析我国高端电子装备制造智能化融合发展中存在的问题与不足，探索建立跨越发展的体系构架，分析并提出下一步发展的主要方向和关键技术，探明实施深度融合的路径和机制，提出相应的政策建议，对于进一步加快我国信息化战略进程、实现装备强军和制造强国具有非常重要的现实意义和深远的历史意义。

本书首先从高端电子装备制造智能化的概念入手，结合世界制造强国的发展模式，对全球电子装备制造的智能化融合发展进行了分析；然后针对芯片制造、高端工业软件、先进雷达、高性能计算机、卫星导航系统等典型装备设计制造的现状，分析了我国高端电子装备智能化融合发展存在的问题；最后提出了适合我国高端电子装备智能化融合发展的实施路径。

　　本书由中国工程院重点咨询研究项目组完成。其中，段宝岩院士负责本书总体架构的设计和主要学术思想的提出，并对本书的内容进行全面审阅；李耀平负责本书第一章、第四章和第五章的撰写，杨挺负责本书第二章和第三章的撰写。此外，感谢项目组温浩宇、孙秉珍、杨会科所做的贡献，特别感谢西安电子科技大学出版社高维岳副社长的支持。

　　由于作者能力有限，本书不足之处在所难免，诚挚邀请社会各界的专家和其他读者给予批评与指正，我们将不胜感激。

作　者

2023 年 7 月

目 录

CONTENTS

第一章

高端电子装备制造智能化的概念

在人类科技革命与工业革命的历史演进中，技术的创新、突破带来了产业的繁荣、发展，生产工具、装备制造成为科技创新与产业革命紧密融合的重要交汇点，是浓缩工业革命特征、支撑工业发展的国之重器。从蒸汽机、纺织机到发电机、电动机，再到计算机、通信网络设备等，人类历史上每一次里程碑式的发展节点上，总有代表性的典型装备支撑起时代发展的主流方向，引领着国家制造的前沿趋势。

当前，全球第四次工业革命蓬勃兴起，数字化、网络化、智能化成为装备制造的热点与焦点，电子信息技术与装备制造技术深度融合，高端电子装备在工业、农业、生物、医疗、航空航天、海洋空间、国家安全、环境生态等事关国计民生、军事安全领域的重大装备制造中成为"智能中枢"和"神经系统"，是工业制造智能化发展的基础支撑和关键核心，在国家高端装备制造业中占据重要地位，是深化工业 3.0、开启工业 4.0 的纽带，具有智能化融合发展的典型特征和重大战略意义。

一、高端电子装备概述

(一) 电子装备

电子装备主要指以电磁信号的发射、接收、传输、处理及显示等为目标，由芯片、软件、传感器以及机械和控制系统等组成，具有通信、导航、计算、定位、信息对抗等功能的电子设备及装置系统，主要包括通信、网络、计算机、雷达、天线、微电子及导航等装备。

电子装备的发展，是信息技术产业与工业装备制造紧密结合、深度融合的结果，是工业化进程中装备制造演进的历史缩影，代表着制造业的发展特征和前沿趋势。

信息技术产业从 20 世纪下半叶开始在全球蓬勃兴起，拉开了全球第三次工业革命的序幕，信息技术从诞生开始就以其迅猛发展的态势、通用渗透的优势、广泛应用的特征，在各个学科和领域掀起了新的技术创新和产业革命，推动了农业、工业、服务业的历史性变革以及计算机、微电子、软件、通信、互联网等方面的技术创新，广泛应用在新能源、新材料、装备制造、航空航天、海洋空间、生命科学、国防军事、生态环保等众多行业领域，催生出军民两用紧密结合的典型电子装备，如计算机、通信与导航装备、网络装备、雷达、天线、传感控制系统、自动化装备等，在国民经济发展和国防军事建设体系中发挥着越来越重要的作用，其对于工业制造的前沿引领和关键支撑意义愈发重大。

电子装备的概念和定义，是动态聚焦和逐步完善的，其内涵也随着技术创新和产业发展而不断更新，与国家对行业分类的标准紧密关联。根据我国现行最新的国家标准 2017 年版《国民经济行业分类》(GB/T 4754 — 2017)，在"制造业"大类中包含着"计算机、通信和其他电子设备制造业"，该标准中还有"信息传输、软件和信息技术服务业"，这些是对电子装备定义及范围划定的主要参考依据。

中国信息与电子工程科技发展战略研究中心 2021 年发布的《中国电子信息工程科技发展研究》中关于我国电子信息工程科技发展的最新展望，主要包含了光学工程、测量计量与仪器、网络与通信、网络安全、水声工程、电磁场与电磁环境效应、控制、认知、计算机系统与软件、计算机应用等 13 个方向，是电子装备技术研发和系统集成的重点内容，而电子装备成为电子信息技术创新与工业装备制造技术发展深度融合的重要载体和工具。

因此,电子装备是与我国信息化和工业化历史进程同步发展的通用型核心装备,是信息技术与制造技术紧密融合的产物,代表着工业制造的典型时代特征,是发展工业 3.0、4.0 的重要基础和前提。

(二) 高端电子装备

高端电子装备是具有通信、导航、计算、定位、信息对抗等功能的重要电子装备,是具备高技术引领、高水平制造、高效能保障等典型特征的特殊电子装备,是在高端装备制造业、工业制造智能化、前沿颠覆性技术发展中具有重大战略地位和重要支撑作用的核心与关键装备。

狭义上,高端电子装备主要包括高端通信网络装备、超级计算机、高性能雷达以及高端芯片、核心软件、关键传感与控制部件等;广义上,高端电子装备还应包括广泛应用在机械装备、航空航天、轨道交通、智能制造等范围和领域,用于数字化控制、传感感知、网络传输、信息处理、导航定位等的嵌入式软硬件一体化的电子智能装备。

高端电子装备的概念,是相对于一般电子装备而言的,同时也属于一个动态发展的概念。之所以称之为“高端”,主要是因为它在工业制造中具有核心与战略地位且发挥着不可替代的引领作用,对我国的国防军事装备研发制造、国民经济发展自主创新具有重大意义。高端电子装备包括整机、系统、核心元器件、关键基础部件,已经成为高端装备制造的“大脑”和“神经系统”。同时,高端电子装备也是一个不断发展演进的动态概念,在工业制造的不同历史时期具有不同的内涵与范围,对于不同的国家和地区而言,它会随着技术创新、需求变化、战略演进、产业发展而具有内涵更迭、范围更新的特征。

在高端电子装备区别于一般电子装备的定义的理解上,尚有三点需要说明:

其一,“高端”具有历史时效性。例如,1935 年英国因成功实施了“达文特里试验”而诞生的世界上第一部雷达,1946 年美国发明的世界上第一台计算机"埃尼阿克"、1965年发明的第一台程控交换机等电子装备，在其诞生后很长一段时期内都属于高端电子装备，而随着技术的创新和制造水平的发展，性能更加先进、用途更加广泛的电子装备制造出来之后，这些装备就只算作一般电子装备。

其二，"高端"具有地域差异性。不同国家和地区因科技实力、制造水平的差异，在电子装备的自主制造上也各不相同，对高端电子装备的界定也略有区别。一些国家暂时不能完全实现自主制造，受到世界发达国家禁运、制约的先进电子装备也属于高端装备。

其三，"高端"具有示范引领性。现阶段我国高端电子装备发展的根本任务是"国家急需、国际前沿、关键核心"。在国家大力推动高端装备制造、推进制造智能化、布局前沿颠覆性技术的背景下，面向前沿的高技术引领、居于先进的高水平制造、可靠使用的高性能保障，是高端电子装备的必备特征。那些因为产业规模发展、市场消费需求而出现的大批量一般电子装备，具有已经推广、技术含量较低、制造生产普及等特点，则不属于高端电子装备之列。只有那些具有核心战略地位、对国防和国民经济建设意义重大的关键电子装备才属于高端电子装备。

(三) 高端电子装备制造

制造是一个将原材料加工、制成产品并进行整体组装、装配且进行性能、功能测试后交付使用的复杂过程。制造的主要环节包括设计、制造、测试，影响制造的主要因素有材料、制造装备、工艺技术等。

高端电子装备制造就是将先进的电子信息功能材料、核心元器件、关键零部件以及软件、传感控制系统、微系统等，经过高水平、高质量、高可靠性的复杂设计、精密加工、制造、组装、互联为整机、系统或部件、模块等，并对装备进行性能及可靠性测试直至交付使用的一个复杂的全链条过程。

高端电子装备制造主要包括整机与系统制造、核心元器件制造、关键部件制造、软硬件一体化制造等。在设计、制造、测试的各主要环节，高端电子装备制造既有差异性，也有共同性，在材料、制造装备、工艺技术等方面既有区别，也有联系，体现出高度集成、高度融合、高度关联的制造特点，在此分别进行举例说明。

其一，整机及系统制造。

在高端通信网络装备制造中，路由器、服务器、交换机、中继器、网桥、网关、防火墙等装备制造，一方面具有各自的技术需求和制造特点，另一方面其主要的制造关键都集中在核心芯片、通用软件以及电气互联、精密加工、表面工程、结构功能件等要素上；高性能计算机的制造问题也聚焦于 CPU、操作系统、存储器、输入/输出单元、外设设备等，与芯片制造、高速互联、高密度组装、高效散热等技术与工艺紧密相关；高性能雷达的制造也取决于微波集成电路、T/R 组件、新材料、单片集成系统以及芯片倒装、多芯片组装、高效高速器件、微系统、功率器件等技术与制造水平，需要电气互联、先进连接、精密加工、表面工程、热设计与热管理等工艺技术的支持。同时，这些典型的高端电子装备制造，在机电耦合系统设计、通用共性工程问题(如结构性能优化匹配、热设计与管理等)、关键制造工艺与技术(电气互联、封装组装等)上又具有相同或相通的关键制造问题，需要着力破解。

其二，核心元器件制造。

芯片制造是高端电子装备制造的核心、半导体与集成电路产业的关键，既具有典型的通用性(如广泛应用在各行各业的高端电子装备制造中，满足了各类不同规格、不同应用的需求)，呈现出高度的复杂性和差异性，同时也具有制造的尖端性、精密性、协同性，在原材料(高纯度硅、宽禁带半导体材料、新型电子功能材料等)、制造装备及材料(光刻机、刻蚀机、离子注入机、涂胶显影机、光刻胶、抛光液等)、工艺技术(氧化、光刻、刻蚀、扩散、蒸发、封装、溅射、键合、测试等)等方面需要设计、制造、测试各主要环节与整体制造链条的有效衔接；而在 MPU、MCU、FPGA、DSP 等高端芯片的制造上，则更体现着高水平、高质量、高精密制造的一体化特征与水平，是一个完整、精细、闭合的体系化制造过程。

其三，关键部件及软硬件一体化制造。

对于机器人制造中的控制器、伺服电机、减速器等重要部件，除了在加工制造高精度要求、热处理、成组技术、装配精度上需要硬件与软件控制系统的高度耦合、高标准制造，还需要系统设计与制造的集成、耦合、协同；对于重负载的 RV 减速器，对运动控制的精确要求为软硬件一体化制造的关键；微机电系统制造中，多学科交叉、功能多元化、微纳尺度制造等特征，也高度集成了软硬件一体化制造的典型特征；此外，高档数控机床的数控系统中，面对多轴、多通道、高速、高精度、柔性化制造的复合制造要求，主控单元、信号处理、控制算法等在高精度插补、动态补偿、智能化编程、自监护维护、优化重组方面的标准要求更为严苛，需要达到软硬件一体化制造的较高水平。

综上所述，高端电子装备制造不同于传统的工业制造，它更具有尖端性、复杂性、精密性、协同性、泛在性的典型特征。尖端性承载着先进电子信息技术与高端装备制造技术深度融合的制造使命，是未来工程科技智能化、可持续、绿色、健康、安全发展趋势的关键基础和核心支撑，是指高端电子装备所蕴含的前沿高技术引领特征，即深度融合通信、网络、计算、传感、控制等功能，不断推进传统工业制造技术的升级与创新，推动前沿颠覆性制造技术的演进发展。复杂性是指高端电子装备的设计、制造、测试过程不断向着多学科交叉、多因素关联、多元化集成的方向发展，整机装备或系统和核心元器件、关键部件、软硬件之间的耦合、衔接、交叉越来越复杂、紧密，在高频段、高增益、高精度、高密度、高可靠性、低功耗、低成本等技术演进的发展趋势下，其复杂性、不确定性特征逐渐增强，综合性能、复杂体系、均衡要素等更高标准的要求也在不断提升。精密性是指设计要求、制造精度、制造工艺与技术、测试方法与仪器等，整体上呈现出的精密超精密制造特征，无论是芯片制造的纳米级尺度、MEMS系统典型的微纳制造要求，还是复杂电子装备系统高精度设计、精密超精密制造、高精密测试计量等，均显示出精密性制造的典型特征。协同性是指高端电子装备核心元器件、关键部件、软硬件相互之间的高度关联与协同要求不断增强，系统性能的提升与元器件、部件、软件与硬件之间的关联度越来越高，"牵一发而动全身"，每一个主要制造要素的性能提升都会给其他部分和系统带来重大的影响，系统的整体性能往往受到诸组成要素部分性能的共同制约。由于电子信息技术属于"使能技术"，在工业制造、生产生活领域具有深刻影响，而高端电子装备则广泛应用于各行各业，成为信息化、数字化、网络化、智能化时代的支撑和引领，其制造的发展具有广泛的应用范围和前景，在物联网、大数据、人工智能、虚拟现实、增强现实、量子信息等前沿技术高速发展趋势下，与能源、环境、材料、生物等领域高度融合渗透，因此高端电子装备制造具有典型的泛在性特征，成为新一轮科技与产业革命挑战形势下工业制造发展的核心。

二、智能制造的概念与内涵

(一) 智能制造的概念

近年来在全球主要制造强国掀起了智能制造的热潮。智能制造是一个大的系统概念，不同国家依据其自身现状，对其定义、内涵有不同侧重。简单概括地说，智能制造就是信息技术与制造技术的深度融合，以实现制造的数字化、网络化、智能化。

智能制造与全球工业化的进程密切相关，是计算机、通信、传感、控制、人工智能等信息技术与传统制造技术紧密融合，推进工业制造模式发生创新性演进的新型制造方式。世界制造强国和主要制造国家如美国、德国、中国等，针对智能制造明确了定位，给出了定义，制定了发展战略和标准，出台了推进与实施举措；英国、日本、韩国等也纷纷提出相关推进计划。智能制造已成为当前全球新一轮科技与产业革命在工业制造领域的典型映射，正在改变着工业制造发展的历史进程。

美国是最早大力发展计算机、集成电路、智能科学与技术的国家，在智能技术与理论的起源、发展上奠定了深厚基础，长期以来在信息技术、网络技术、智能技术、机器人等技术创新以及智能制造的产业发展方面积累了必备条件，占据了知识经济时代的先机。从 2006 年至 2016 年，美国先后在确立智能制造核心概念、推出先进制造战略计划、建设数字制造与设计创新中心、成立工业互联网联盟及人工智能联盟等方面积极推进，集成了通信技术、数控技术、数据库、互联网、传感、测试、人工智能等先进技术，将其深入地应用到先进制造的设计、制造、管理、保障等环节，推进工业制造的互联、集成、柔性多元聚合，并将其推广到能源、材料、农业、交通、医疗等重点领域。其智能制造的概念主要集中在融合通信、感知、计算、控制功能，构建数字化设计仿真、产品制造全生命周期智能生产、价值链整体数字化提升智能制造体系，推进先进制造的智能、灵活、个性、柔性、降耗、绿色等新发展趋势上。

德国是传统的制造强国，工业制造精良，制造品质卓越，具有深厚的工业制造基础和实力。在应对全球制造业新变革的形势下，德国发挥在机械装备、嵌入式系统、自动化领域的一流制造优势，从 2011 年至 2015 年，酝酿提出了"工业 4.0"的概念及战略计划，成为全球工业制造革新的热点话题。"工业 4.0"的概念勾画了智能制造在工厂、企业以及客户、市场之间的完整关系和制造链条，其核心是构建信息物理系统(Cyber-Physical Systems，CPS)。在这个系统中，通过传感、通信、计算、精确控制及远程协同，将资源、信息、物以及人等制造要素集成为数字网络系统，搭建虚拟世界与现实世界的映射，实现横向集成、纵向集成、端到端集成，融合智能工厂、智能生产、智能物流等制造的主要环节和支撑条件，打造数字化、智能化、个性化、绿色化的新型制造模态。

中国智能制造是在工业制造取得显著历史进展的基础上提出的，是发展工业 2.0、3.0 到 4.0 的迭代，是从制造大国向制造强国的努力跨越，是实现工业制造从中低端向高端迈进的历史跃迁。在我国发布的《智能制造发展规划(2016—2020年)》中对智能制造的定义是："智能制造是基于新一代信息通信技术与先进制造技术深度融合，贯穿于设计、生产、管理、服务等制造活动的各个环节，具有自感知、自学习、自决策、自执行、自适应等功能的新型生产方式。"同时，我国颁布的《国家智能制造标准体系建设指南(2018年版)》，从生命周期、系统层级、智能特征3个维度界定了智能制造所涉及的活动、装备、特征等内涵，为扎实推进智能制造奠定了发展基础。

(二) 智能制造的内涵

智能制造是在电子信息技术与先进制造技术深度融合的基础上，逐步发展起来的新型制造模式。与传统工业制造机械化、电气化比较，智能制造是建立在信息化、自动化、数字化发展的基础上，运用电子信息这一"使能技术"，赋予工业制造以设计模拟仿真、信息感知集成、数字化辅助制造、柔性定制生产、智能决策执行等创新功能，贯穿于设计、生产、管理、服务等产品全生命周期，实现网络互联互通、数据感知分析，融合人工智能、制造智能化前沿技术的崭新制造模式。

电子信息技术是一种典型的"使能技术"，它使工业制造在传统的原材料制备、铸造锻造、机械加工、电气制造、焊接连接、组装装配、系统总成等材料加工、能量转化、工具制成的过程中，以通信、计算、控制等技术为主，可增加计算机辅助制造、数字化信息集成以及自动传感控制、智能决策分析等自动化、智能化新功能，进而创建人—信息系统—物理系统，推动工业制造向自动化、智能化方向的演进。从工业制造的历史发展看，物质、能量、信息、人是工具和装备制造中的主要考量因素，而电子信息技术的创新发展，逐步替代了人的一部分脑力劳动以及机器的传感与指挥控制功能，在执行人的设计理念、制造方案、管理服务的过程中，将实现数字仿真、柔性可变、自动控制、信息分析、智能决策等制造要素与制造全程信息系统的构建，将信息这一可无限利用的重要资源介入人与物理制造系统中间，推进制造的时间、空间与数量、质量上的精准把握与掌控，减少资源消耗，提高质量水平，提升劳动效率，促进持续发展，这不仅可改变工业制造的生产力方式，也可改变社会生活的生产关系方式，必将在各行各业以及大众生活中产生深刻影响。

根据《国家智能制造标准体系建设指南(2018 年版)》，我国智能制造的主要内涵，就是以智能工厂为载体，以实现制造环节智能化为核心，以工业互联网传感互联为支撑，对制造要素以及设计、加工、管理、服务等环节(具体包括智能制造的标准体系、制造模式、智能设计、制造装备、传感控制系统、管理服务等)给予信息化、数字化、网络化、智能化的改进与提升，从而缩短研制周期，提升制造质量，提高制造效率，降低制造成本，减少能源消耗，逐步实现制造业的数字化、网络化、智能化。

(三) 数字化、网络化、智能化制造

不同于美国、德国等制造强国的智能制造，我国智能制造的发展是一个典型的迭代过程，数字化、网络化、智能化存在着同步推进、加快完善的实际情况。

数字化制造是信息技术应用于工业制造的基础阶段，它运用计算机技术、数字控制技术，将产品信息、工艺信息、资源信息等复杂信息转化为数字、数据予以保存、处理，构建起数字信息系统，从而实现产品的设计仿真、计算机集成制造、企业资源数字化管理等。数字化制造中，硬件与软件紧密交织、融合，如数控机床、加工中心以及CAD(计算机辅助设计)、CAE(计算机辅助工程)、CAM(计算机辅助制造)、CIMS(计算机集成制造系统)、CAPP(计算机辅助工艺规划)、ERP(企业资源计划)、MES(制造执行系统)、PDM(产品数据管理)等软件及系统的应用，不仅在制造的全过程中实现了数字化设计与制造，而且将企业技术与起源计划、供应链管理、客户对接服务等也予以集成，全面构架起衔接人与物理系统之间重要的信息系统，从根本

上改变了传统工业制造的模式及管理方式。图1-1为工业数字化装备的产业范围。

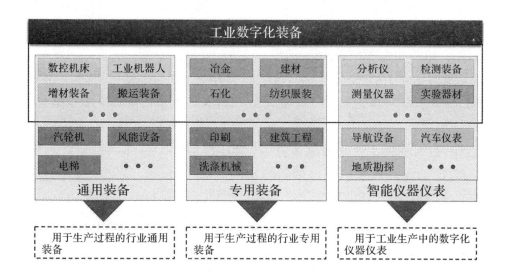

图 1-1　工业数字化装备的产业范围

网络化制造是在数字化制造基础上，进一步运用工业互联网技术、大数据、云平台等，增强了制造过程中的人、数据、制造流程、资源统筹、供需要素等网络化协同与管理，通过更加先进的网络互联互通、机器系统传感、数据集成分析、制造协同优化、企业资源共享等手段，来实现要素协同、敏捷响应、集成共享、高速高效、高质量高保障的崭新制造模式。网络化制造中，工业互联网、数据库技术、通信技术、传感技术、软件体系以及网络化协同优化管理，如基于网络的产品设计与开发系统、计算机集成制造网络体系、全球化协同研发与制造网络等，是实现信息共享、数据集成、统筹协同的关键。网络化制造将深化数字化制造的内涵，以信息互联互通、数据共享集成为主要特征，重组、重塑制造要素与资源，集聚企业内外部以及各种制造参与者，实现信息共享与集成，在系统协同、敏捷柔性、绿色节约等方面进一步提升数字化制造的效率、质量和水平。

智能化制造是工业制造的更高级阶段，是在数字化、网络化制造基础上,颠覆现有制造模式,实现工业制造质的飞跃的前沿发展趋势。智能化发端于数字化、成长于网络化,与人工智能技术、新一代通信技术、新型传感技术、增材制造、新材料、新工艺等的发展密切相关,辐射到能源、生物、信息、环境等众多领域,将是多学科集成交叉的综合创新体系。智能化制造的前沿发展,将与工业互联网、物联网、大数据、云计算、人工智能以及人机交互与一体化、专家系统、机器深度学习、混合增强现实、虚拟制造、自组织超柔性制造等深度融合,实现智能制造系统自主感知、自主学习、自主分析决策、自主控制执行,以达到解决工业制造复杂性、不确定性问题的目的,完成人 — 信息系统 — 物理系统的高度衔接与协同,覆盖设计、生产、管理、服务的全产品生命周期及产业价值链,推进新的科技与工业革命。

三、高端电子装备制造智能化的融合发展

高端电子装备制造智能化主要指狭义与广义的高端电子装备在设计、加工、测试等方面存在的制造智能化问题的解决过程,以及突破自主制造瓶颈、打破融合制约壁垒、实现集成协同共享的管理体制与机制。一方面,在全球制造智能化发展的趋势下,高端电子装备作为支撑国家装备制造业、智能制造战略的核心与关键装备,是工业制造的"大脑"和"神经系统",是创新发展的强劲引擎与重要载体,在工业2.0、3.0到4.0的演进中意义重大,急需下大力气攻坚克难,取得实质性突破和自主发展;另一方面,高端电子装备自身的制造问题,具有尖端性、复杂性、精密性、协同性、泛在性,与传统工业制造的模式存在很大差异,一些核心技术、基础材料、重大制造装备、精密制造工艺等均需要集中力量加以攻克,更需要通过智能制造的新模式、融合发展的新路径、行业共性技术攻关的新方式,来破解自主制造的瓶颈,以实现可持续的长远发展,为制造强国战略提供坚强支撑。

（一）高端电子装备与智能制造

（1）高端电子装备是电子信息技术发展的结晶。

全球电子信息技术的发展，在电子学、信息论、电磁学、数字逻辑计算、数据存储与处理等理论与技术研究的基础上，以电子管、晶体管、集成电路、算法设计、汇编程序等硬件、软件、元器件的发明、研制为突破，逐步形成了完整的理论与技术体系，进而诞生了雷达、计算机、天线等整机装备或部件，最终以电子装备载体成为电子信息技术发展的历史结晶。我国信息技术产业发展以微电子、计算机技术、网络技术、雷达技术、天线技术等的研制为主，推动了芯片制造、高性能计算机、高端网络设备、先进雷达、大型天线、软件系统及其他电子终端设备的软硬件建设，推进了工业制造的数字化、网络化进程。当前，中国电子信息工程的科技发展正向着万物互联、智能泛在、高速高效、集成渗透的大方向深度迈进，后摩尔时代集成电路制造、高性能计算和先进存储、光学工程纵深拓展、遥感传感、高精密计量测试、网络安全防御、新一代人工智能等技术创新不断加速，高端芯片、核心软件、高端通信网络导航装备、高性能计算机、先进雷达以及应用在战略性新兴产业和先进制造业领域的关键传感与控制部件等高端电子智能装备，已经成为智能引领、制造强国的核心装备，发挥着不可替代的重要作用。

（2）高端电子装备制造是智能制造的重要组成和重点支撑。

智能制造将信息技术与制造技术深度融合，构建了信息物理系统，可实现从设计、生产、管理到服务的产品全生命周期自感知、自学习、自决策、自执行、自适应的数字化、网络化、智能化制造功能。智能制造以智能工厂、智能车间、智能管理、智能物流为载体，以工业互联网、物联网、专家系统等硬件与软件为依托，在人与实际的物理制造现实之间建立信息物理系统，达到制造要素与资源的全面感知、制造环节与过程管理的自动控制、产品制造与客户需求的直接对接，从而显著提升制造质量，提高生产效率，降低成本消耗，达到环保节约的目的。在智能制造中，通信、计算、控制、传感、网络技术与装备是实现数字化、网络化、智能化的关键与核心，包含着具体可见的硬件装备如数控机床、自动化生产线、机器人、传感器等，也包括隐含无形的软件体系如工业软件、数据库、模型库、专家系统等，无论硬件、软件，基本均为具有通信、计算、控制、传感功能的高端电子装备。高端电子装备成为信息技术与制造技术融合、人与物衔接感知的重要枢纽和核心系统，是智能制造中不可或缺的重要支撑。

(3) 高端电子装备已融入高端装备制造业核心领域。

战略性新兴产业是我国制造强国战略的主要发展方向，新一代信息技术产业、高端装备制造、新能源、新材料、生物医药是其中最为突出的引领性、支撑性产业，是推进工业制造转型升级、迭代并行的重点。在加快推动工业制造智能化的进程中，先进制造装备、自主制造核心技术是工业制造从中低端走向高端的关键突破瓶颈。高端电子装备制造既是新一代信息技术产业发展的重要载体，也是高端装备制造业智能化提升的主要支撑，在数字化、网络化、智能化制造发展中具有战略意义，已经融入高端装备制造业的核心领域，在航空、航天、轨道交通、海洋工程装备、高档数控机床、工业机器人等行业领域具有广泛应用和典型的示范辐射。

(二) 高端电子装备制造智能化

"工欲善其事，必先利其器。"在我国高端电子装备自身的智能化制造方面，也同样面临转型升级、迭代发展，急需通过智能制造提高质量、提升效率、降低成本、共享集成，亟待通过智能化融合发展突破重点瓶颈制约问题。

智能制造的模式是提高质量、提升效率、降低成本、减少能耗的创新制造方法，具有全感知、自适应、灵活柔性、可变可控、自动自主的特征，适用于技术更新快、制造多元化、复杂精密性、泛在多协同的高端电子装备制造需求情况。同时，通过智能制造的方式，构建起信息物理系统(CPS)，可以有效地整合制造要素和制造资源的系统信息，搭建集成共享平台，有利于打破高端电子装备制造在融合发展上的相关壁垒，促进资源高效利用、要素集成共享、管理统筹优化等全方位的制造体系水平提升，实现军民制造优势互补、协同融合，也有利于进一步减轻或消除行业制造之间的差异和壁垒，强化共性关键技术的集成攻关、通用性技术的开放共享。

我国高端电子装备自身的智能制造，仍在数字化设计、网络化协同、智能化提升方面与发达国家存在较大差距，在设计实力、制造装备、制造基础、工艺水平、测试手段、维护保障等方面急需加强。

四、高端电子装备制造的地位、作用与意义

制造业是一个国家经济实力与军事装备力量最主要的支撑，全球工业革命的主题就是工业制造发展的演进轨迹。在工业制造智能化发展趋势下，传统的资源密集、劳动力密集、高能耗成本的工业制造，必将被知识密集、技术密集、低成本可持续的智能制造所代替，制造要素的核心驱动也将从硬件设施与装备的单向性导引，向软硬件一体化融合、创造力与知识牵引、高端装备与新工艺支撑的方向发展，从简单的机械式、粗放型、单一化向复杂的灵动式、精密型、智能化趋势迈进。工业互联网、人工智能、增材制造、新一代信息通信技术、大数据、云制造平台的兴起，将为世界工业制造的未来重塑格局。

作为具有通信、导航、计算、定位、信息对抗等功能的高端电子装备，是工业制造数字化、网络化、智能化的关键与核心支撑装备，在能源环境、机械制造、电气制造、航空航天、轨道交通、卫星制造、海洋工程、生物医药等众多重点行业领域有广泛的应用，发挥着通信导航、数字化控制、传感感知、网络传输、信息处理等重要功能，是人机融合、使能赋能、软硬件一体化、智慧决策分析、智能设计制造的核心载体，是建设智能制造系统、智能工厂、智能车间、智慧物流的必需装备，具有重要的战略地位。

我国高端电子装备的制造，是工业制造转型升级的前沿引领，是

制造强国战略的关键支撑，是制造业创新发展的强劲引擎，在国家同步迭代推进工业2.0、3.0、4.0战略进程中，具有重大的战略意义。

（一）工业制造的前沿引领

工业制造以技术为突破、以产业为基础、以装备为支撑。在机械化、电气化制造时代，蒸汽机、纺织机、电动机等装备的研制发明，汇聚了物理学、热能、电能研究理论与技术的结晶，制造出颠覆传统制造模式的新型装备，推动了能源、机械、冶炼、运输等行业的大工业生产、大规模制造，催生了全球第一次、第二次工业革命。当计算机、通信与网络装备、数字化传感与控制系统等新一代装备发明后，电子信息技术被广泛地渗入工业制造的各个领域，电子装备成为掀起第三次工业革命信息化时代发展高潮的装备利器。迄今为止，工业制造的信息化、智能化发展，仍以高端电子装备为支撑和引领，在全球第四次工业革命蓬勃兴起、方兴未艾之际，新一代电子信息技术与先进制造技术深度融合，将可使高端电子装备制造依旧成为新一轮工业制造的前沿引领。

从美国近年来《先进制造业伙伴计划》《国家先进制造战略计划》《国家制造业创新网络计划》的出台到工业互联网联盟、人工智能联盟的成立，重振制造业、提升竞争力，成为一流制造强国加快推进制造智能化的强力举措；德国的"工业4.0战略"，也要在精良制造、先进自动化制造装备与技术的支撑下，迈向智能制造的新阶段，以巩固传统优势、抢占发展先机；日本的"超智能社会5.0"、英国的"工业2050"、法国的"工业新法国"、韩国的"制造业创新3.0"等，纷纷瞄准制造智能化的未来发展，提升智能制造的实力与水平。因此，全球工业制造的新一轮竞争正拉开帷幕，新一代电子信息技术、人工智能技术与先进制造技术的深度融合，将改写制造业的未来生态，而高端电子装备制造必将在智能制造的演进中扮演举足轻重的角色，成为鼎力创新发展之重器。

从科技前沿的角度看，未来可能产生的颠覆性技术聚焦在量子技术、强人工智能、增材制造、脑控技术、人类增强、混合现实、高级智能机器人、工业互联网超融合、机器大规模协作、规模化区块链应用、新型纳米材料、先进能源与动力、基因工程与生物新材料等方面，以高端电子装备制造为基础的前沿科技与产业发展，必将随着新技术的引入走向更迭换代、加速引领的新发展阶段。

(二) 国家战略的中坚支撑

我国工业制造从中低端走向高端，既要继续夯实工业制造的坚实基础，解决材料、关键基础件、制造装备与制造工艺等自主研制的短板问题，也要瞄准制造智能化的前沿方向，在高端制造的核心元器件、智能装备、设计、生产及测试等使能工具自主制造方面实现突破，以推动我国高端芯片、工业软件、数控系统、机器人关键部件、高性能计算与存储装备、传感与认知系统等的研发制造，使高端电子装备制造成为制造强国战略的中坚支撑，顺利实现"补齐工业2.0、挺进3.0、迈向4.0"的战略目标。

面对西方发达国家对我国的技术封锁以及贸易摩擦，中国制造要从制造大国迈向制造强国，必须率先解决自主制造竞争能力较弱、关键核心装备受制于人、高端制造技术工艺滞后的瓶颈问题。在大力发展智能制造、"互联网+"、新一代人工智能的基础上，着力加强对高端电子装备制造的重视与投入，把理论研究的原创成果、技术创新的应用成果、知识聚集的软件成果，落实在软硬件一体化的高端电子装备的制造上，以需求牵引研究、以制造驱动创新、以装备支撑发展。

(三) 创新驱动的强劲引擎

我国工业制造的升级、迭代，在国家战略、重大计划、政策举措的指引、支持下，已经逐步显露出自主创新、追赶超越的趋势。随着《中国制造 2025》《国家智能制造标准体系建设指南(2015、2018、2021版)》《机器人产业发展规划(2016—2020年)》《"互联网+"人工智能三年行动实施方案》《国家信息化战略发展纲要》《智能制造发展规划(2016—2020 年)》《新一代人工智能发展规划》《工业互联网发展行动计划(2018—2020 年)》等政策计划的纷纷出台，创新驱动工业制造转型升级已经步入快车道。

我国的高档数控机床、工业机器人、智能仪器仪表、增材制造等领域已经崛起了众多企业，研究院所与企业之间的协作、联盟深度加强，大批国家智能制造示范项目正积极推进，工业互联网、智能工业软件、数控系统、工业云制造与云服务平台、工业机器人、智能终端产品、激光增材制造装备、智能工厂、智能车间等，不同程度地取得了积极进展，一些自主核心技术应运而生，智能装备的制造水平和能力不断增强，硬件基础、软件实力逐渐提升，智能装备、高端电子装备制造与新一代人工智能技术、边缘计算技术、区块链技术及泛在网络的融合不断深入，创新驱动智能制造最为关键的仍是各个行业领域中需求最迫切、应用最广泛、渗透性最强、使能效应最明显的高端电子装备制造，其关键核心装备作用的发挥，将成为我国工业制造转型升级、跨越发展的强劲引擎。

第二章

全球电子装备制造的智能化融合发展借鉴分析

一、融合发展的历史概况及特色

(一) 历史概况

在人类社会发展的历史进程中,军事防务、阵仗决胜、经济发展、国计民生之间相互关联、相互影响,是融合发展的历史趋势。据统计,世界主要发达国家如美、英、法、德、日等国 85%的核心军事技术同时也是民用技术,80%以上的民用技术可以直接用于军事防务,在资源高效利用、装备协同保障、经济蓬勃发展、军民相互促进、军民相互支撑等方面发挥了重要作用,成为全球各国建设军事防务和发展国民经济的必然选择。

第一次世界大战和第二次世界大战时期的武器装备制造,大多为枪炮、弹药、坦克、飞机、舰船等,机械制造占据了较大比重,融合发展的模式体现在传统工业制造的领域和方向上,如坦克与拖拉机的机械制造原理相近,可以实现融合,运输补给、后勤保障、卫生医疗等在多个领域均可互通,显现出工业 1.0、2.0 时代的典型制造特征。

二战后,美苏两个大国进行军备竞争,美国主动抢占了信息技术发展的战略高地,采取军民一体化发展战略,以"技术+市场+人才"

的模式推进了先进制造 2.0 到 3.0 的发展，迄今为止在工业制造上居于全球领先地位，特别是以集成电路、计算机技术为代表的电子信息技术，对于推进先进制造的创新发展起到了示范引领的作用。

近些年来，美国、欧盟各国、日本、以色列等世界制造强国，纷纷以不同的融合发展方式，推动了工业制造的前沿发展，重振先进制造业、发展工业 4.0，智能制造、增材制造、人工智能等新战略、新理念、新模式更新交叠，使制造的创新不断加快，融合的路径不断拓展，以电子装备制造为突出代表的智能化融合发展，引领着先进制造不断走向前沿和纵深，在产业融合的历史进程中书写了新的一页。

(二) 各国装备制造发展的特色

各国在融合发展模式上具有各自的基础和特色，形成了制造强国融合发展既具有共同点也具有个性的整体发展特征。从国家战略上看，大国竞争、安全战略、防务需求是首当其冲的主要成因；从经济发展看，融合发展推进了工业制造的内涵建设，对世界经济自金融危机以来的复苏起到积极推动作用；从技术创新看，军用技术与民用技术在通用性上的交叠、互动越来越频繁、紧密，而信息化领域的融合发展更具有典型的引领作用，与工业制造的不断创新发展、时代更迭一脉相承。

1. 美国

美国在二战后积极推进国防部与私营企业、科研机构的无缝对接，加大研发投入，实施国家制造创新网络，推进优质购买力采办改革，推出并扩大国防部企业伙伴计划，不断加大在高端项目、前沿颠覆性技术上的投入。同时，美国 NASA 与私营太空技术公司积极合作，拓展高端大型装备研制的深度融合，较好地实现了装备制造与市场发展相互支撑、相互反哺的共赢。政府需要营造一个有利于融合发展的政策体制机制，并通过对项目的巨额投入，带动国家竞争力和国民经济的增长，让重大装备建设成为经济发展的推动力。

2. 欧盟

欧盟是世界格局中一支重要的战略力量，在政治上谋求逐步与美国建立平等关系，积极扩大欧盟在国际事务中的影响力。欧盟拥有强大的工业基础，在航空航天、船舶、兵器、电子、核等领域都拥有世界一流的研发和生产能力。欧盟通过欧盟成员国的相互合作，对工业结构进行调整改革，推动工业与市场的一体化应用，加强政府部门和企业间的合作，促进重大装备与经济发展的良性互动。

3. 日本

日本发挥其在精益制造、电子制造、机器人等方面的优势，推进先进制造技术和行业产业的创新发展，实现产业之间的融合促进协同发展的效果，取得了明显的经济效益和社会效益。

4. 俄罗斯

俄罗斯为适应本国经济发展需要与国家战略规划，以保持世界领先的强大国防为目标，不断由粗放式发展向集约式发展过渡，改变了之前注重军工的偏颇，走出了适合本国政体国体的融合发展道路。

俄罗斯是在苏联解体的情况下，由于苏联经济发展模式已经与世界经济发展形势严重脱节，造成俄罗斯经济发展严重滞后，无法满足正常的国民生活需要。俄罗斯继承了苏联的强大国防工业体系，转变了苏联的"重军轻民"的发展模式，调整工业结构，压缩国防工业在国家工业体系中的比例，逐步推进国防工业向民用工业转化，不断满足本国急剧增长的物质需要，实现军工与经济并重发展，军民技术互换融合。俄罗斯充分挖掘国防工业内部潜力，转变粗放的国防工业经营模式，不断向集约化发展方向转变，推进工业投资的市场化、多元化，调动重大装备研究的积极性，统筹经济建设与装备建设资源。

二、世界制造融合发展先进制造的模式借鉴

(一) 美国

美国国家创新系统演进中的产业融合发展模式，可概括为政府大

力支持下的市场产业互动模式,具体措施是增强政府、产业界和大学之间在各个层面的合作,表现为技术、工艺和产品之间的双向转移与合作创新机制。

从美国国家创新系统的实践可以看出,市场产业的深度融合实现了资源共享、降低成本、统筹协同、不断创新的重点突破;信息引领是在装备制造进程中以信息化为示范辐射,信息技术与制造技术渗透融合,推进了先进制造的发展;装备赋能是通过技术创新、产业革新,让高端装备制造成为推进技术与产业变革的着力点,赋予先进制造更强的驱动力和能量;人才核心是指在融合发展的推进中,始终以人才为核心,激发研制人员的积极性,鼓励通过竞争、协作、整合,达到攻克难题、集聚人才的目的。

1. 重大工程及典型示范

美国引领了全球的先进制造格局,也产生了一系列重大成果,比如举世著名的"曼哈顿"工程、DARPA 等。

1) 重大工程牵引示范 ——"曼哈顿"工程

在美国产业融合发展的历史实践中,"曼哈顿"工程具有极为重要的意义,它使美国甚至人类进入"大科技"时代,对经济与社会产生了深远影响。作为美国历史上第一个大科学工程,"曼哈顿"工程不仅造出了原子弹,促进了核技术产业的发展,也开拓了巨大的投资市场,奠定了美国 20 世纪 50 年代工业迅速增长的技术基础,积淀了宝贵的技术资产。

(1) 军事技术带动民用技术的成长。"曼哈顿"工程对技术发展和经济转型具有重大的意义。正如"氢弹之父"特勒所说:"'曼哈顿'工程是一项伟大的成就,这不仅是因为它造出了原子弹,而且还在于它产生的副产品。"此后,诸如电子计算机技术、火箭技术、激光技术、航天技术、纤维光学和通信技术层面的突破以及各相关产业的发展,都得到了军事需要的大力推动。

(2) "官民联合体"的管理经验。"官民联合体"的通常做法是由国家确定发展目标,组织政府部门、大学、私人企业在一定期限内分工合作，进行研究开发活动。军事合同是联结官、民的重要纽带，通过军事合同，国家可以在规定质量、结构、生产地点的前提下，获得军工产品。对于经费在几十亿美元到数千亿美元的"曼哈顿"工程，如果全部由私人企业经营，即使是再大的公司也无法办到或者需要承担投资的巨大风险。"官民一体化"便填补了这种不足，使得军工和民间工业凝聚成巨大的力量，共同参与"曼哈顿"工程。

(3) 合同制招标科研管理模式。"曼哈顿"工程的研制和生产由国家能源部负责，相关项目的制定和实施则由国防部及三军进行协调。在此期间，美国既在军队设立了专门的科研机构，又在工业部、大学、非营利机构等地方部门设立了军民结合式的研究与开发机构。美国国防部、能源部及三军以招标的形式通过合同制将"曼哈顿"工程下的研究任务委托给中标的科研机构承担，并对招标成功的科研项目统一进行监督和管理。这种组织体制和运行模式在总体上是结合军方和民间力量，适应性和应变能力强。

2) 良好体制机制的典范——DARPA

国防高级研究计划局(Defense Advanced Research Projects Agency，DARPA)，隶属于美国国防研究与工程局，是国防部的核心研究与开发机构，主要负责高新技术的研究、开发和应用，所承担的科研项目多为风险高、潜在军事价值大的项目，同时，也是投资大、跨军种的中远期项目。DARPA自成立以来，成功研发了大量先进武器技术，为美国积累了雄厚的科技储备，引领美国乃至世界军民两用高新技术研发的潮流。DARPA是互联网、隐身飞机、小型化GPS终端、无人机、平板显示器、脑机接口等项目的开创者。DARPA在长期坚持创新的过程中，积累了丰富的成功经验，奠定了持续发展的基础，而融合发展科技创新就是其成功的重要经验之一。DARPA是美国融合发展的重要实践载体，从力量构成、团队组建、项目启动、技术研发，到成果推广的整个过程，都始终坚持科技融合创新，其扁平化的管理、灵活的机构设置、首创的项目经理制度，以及公开透明的良性竞争模式等都是DARPA成功的关键。这些思路和举措对推动我国科技融合创新具有极其重要的借鉴作用。

3) 融合发展推进先进制造 —— 美国制造业创新中心

美国政府自 2012 年启动国家制造业创新网络计划［2016 年更名为"制造业－美国"(Manufacturing USA)］，计划在全国范围内成立 14 家国家制造业创新中心，分别是美国制造、面向未来轻量化创新中心、数字制造和设计创新中心、电力美国、先进复合材料制造创新中心、集成光子制造创新中心、美国柔性混合电子制造创新中心、美国先进功能纤维制造创新中心、清洁能源智能制造创新中心、化工过程强化应用快速发展创新中心、国家生物制药创新研究中心、先进组织生物制造创新中心、降低内含能和减少排放创新中心及先进机器人制造创新中心，基本情况见表 2-1。

表 2-1　美国计划成立的制造业创新中心基本情况

名　称	英文简称	地　点	发起单位	主要主持单位
美国制造	AM	俄亥俄州	多部门联合发起	美国国家国防制造与加工中心
面向未来轻量化创新中心	LIFT	密歇根州	国防部	美国轻量化材料制造创新研究院
数字制造和设计创新中心	DMDII	伊利诺伊州	国防部	UI 实验室
电力美国	PA	北卡罗来纳州	能源部	北卡罗来纳州立大学
先进复合材料制造创新中心	IACMI	田纳西州	能源部	田纳西大学
集成光子制造创新中心	AIM	纽约州	国防部	纽约州立大学研究基金会
美国柔性混合电子制造创新中心	NEXTFLEX	加利福尼亚州	国防部	NEXTFLEX 联盟
美国先进功能纤维制造创新中心	AFFOA	马萨诸塞州	国防部	MIT
清洁能源智能制造创新中心	SMLC	加利福尼亚州	能源部	智能制造领导联盟(SMLC)

续表

名　称	英文简称	地　点	发起单位	主要主持单位
化工过程强化应用快速发展创新中心	RAPID	纽约州	能源部	美国化学工程师协会(AIChE)
国家生物制药创新研究中心	NIIMBL	特拉华州	商务部	美国生物有限公司
先进组织生物制造创新中心	ARM	新罕布什尔州	国防部	先进可再生制造研究所
降低内含能和减少排放创新中心	REMADE	纽约州	能源部	可持续制造创新联盟
先进机器人制造创新中心	ARM	宾夕法尼亚州	国防部	先进机器人公司

其中，先进机器人制造创新中心是最新成立的。由卡内基梅隆大学(CMU)创立的先进机器人公司筹集超过 2.5 亿美元，其中国防部投资 8 000 万美元，联盟投资 1.73 亿美元，地点设置在宾夕法尼亚州的匹兹堡，联盟包括来自工业界、学术界、地方政府和非营利组织的 231 个利益相关者。这些制造业创新中心，由国防部发起成立的有 7 个，占据 50%，其他由能源部、商务部等发起成立，显示出美国在先进制造业创新研究上一以贯之的融合特点，并将研究院所、大学、企业、基金会、联盟等有机地吸纳融入在一起，体现出多元化的组织架构模式，彰显出先进制造在未来发展方面的引领性和辐射性。

2. 重要装备制造融合发展案例

1) GPS

GPS 是英文 Global Positioning System(全球定位系统)的简称。美国 GPS 在建设初期，主要局限于军用领域，但到了 20 世纪 90 年代，美国认识到其巨大的民用价值，开始推动民用发展。

美国发展 GPS 的战略目标主要包括两个方面：一是要保持美国在卫星导航定位领域的垄断和霸主地位；二是逐步扩大其在民用产品领域的应用，推动美国 GPS 产业及相关领域的发展，以获得最大的安全、经济、外交和科学利益。GPS的建设和运营发展主要经历了研制建设、应用推广和与全球导航卫星系统(GNSS)兼容发展三个阶段。

(1) 研制建设阶段：在冷战时期，为了防止敌对势力对军用GPS信号的干扰，美国政府人为降低了民用GPS定位产品的定位精度，此举严重影响了GPS定位的服务质量。

(2) 应用推广阶段：美国政府大力向民用领域推广GPS，调整管理体制。1991年，美国商务部取消了民用GPS的出口许可证限制。美国官方正式将GPS产品区分为军用和民用两类，并给予民用GPS产品其应有的市场地位。自此，GPS民用产业得以蓬勃发展。1996年，美国还成立了由国防部和交通运输部等多部门参与的GPS部际联合执行委员会，从管理体制上保证了GPS的军民两用性，推动了GPS从军方统管模式向军民统筹协调模式的转变。

(3) GPS与GNSS兼容发展阶段：美国政府推动GPS兼容发展，维持GPS的绝对优势。美国政府持续推动GPS的融合发展，不断改进系统的军事和民用性能，颁布一系列政策法规，鼓励提高GPS的兼容性和互操作性，促进大量资源投入卫星导航领域，以确保美国卫星导航定位服务顺利占据国际市场。

GPS技术具有的全天候、高精度和自动测量的特点，作为先进的测量手段和新的生产力，已经融入国民经济建设、社会发展的各个应用领域。

2) 互联网

互联网(Internet)，又称国际网络，指的是网络与网络之间所连成的庞大网络。这些网络以一组通用的协议相连，形成逻辑上的单一且巨大的全球化网络。在这个网络中有交换机、路由器等网络设备，各种不同的连接链路，种类繁多的服务器和数不尽的计算机、终端。使用互联网可以将信息瞬间发送到千里之外的人手中，它是信息社会的基础。

互联网是美军在ARPA(阿帕网，美国国防部研究计划署)制定的协定下，首先用于军事连接，后将美国西南部的加利福尼亚大学洛杉矶分校、斯坦福大学研究学院、加利福尼亚大学和犹他州大学的四台主要的计算机连接起来。这个协定由剑桥大学的 BBN 和 MA 执行，在 1969 年 12 月开始联机。另一个推动 Internet 发展的广域网是 NSF 网，它最初是由美国国家科学基金会资助建设的，目的是连接全美的5 个超级计算机中心，供 100 多所美国大学共享它们的资源。ARPA 网和 NSF 网最初都是为科研服务的，其主要目的是为用户提供共享大型主机的宝贵资源。随着接入主机数量的增加，越来越多的人把 Internet 作为通信和交流的工具。一些公司还陆续在 Internet 上开展了商业活动。随着 Internet 的商业化，其在通信、信息检索、客户服务等方面的巨大潜力被挖掘出来，使 Internet 有了质的飞跃，并最终走向全球。

今天，Internet 已连接 60 000 多个网络，正式连接 86 个国家，电子信箱能通达 150 多个国家，有 480 多万台主机通过它连接在一起，用户有 2 500 多万，每天的信息流量在万亿比特以上，每月的电子信件突破 10 亿封。同时，Internet 的应用也渗透到了各个领域，从学术研究到股票交易、从学校教育到娱乐游戏、从联机信息检索到在线居家购物等，都有长足的进步。

3）SpaceX

SpaceX 即美国太空探索技术公司，是一家由 PayPal 早期投资人埃隆·马斯克(Elon Musk)2002 年 6 月建立的美国太空运输公司。它开发了可部分重复使用的猎鹰 1 号和猎鹰 9 号运载火箭。SpaceX 同时开发 Dragon 系列的航天器以通过猎鹰 9 号发射到轨道。SpaceX 主要设计、测试和制造内部的部件，如 Merlin、Kestrel 和 Draco 火箭发动机。

2008 年 SpaceX 获得 NASA 正式合同，从此正式走向"民参军"的道路。2012 年 10 月，SpaceX 研发的龙飞船将货物送到国际空间站，开启了私营航天的新时代。

2018 年 2 月 22 日，SpaceX 在加州范登堡空军基地(Vandenberg Air

Force Base)成功地发射了一枚"猎鹰 9 号"火箭，将其两颗互联网实验卫星 Microsat 2a 和 2b 送入轨道；3 月 6 日，将西班牙卫星公司 Hispasat 的一颗大型卫星送入轨道；4 月 3 日，将 Dragon 飞船送入轨道；2020 年 5 月 30 日下午 3 时 22 分，美国宇航局(NASA)商业载人航空计划(CPP)的首次载人试航发射成功。

此外，维珍银河公司开展的太空旅游服务项目、亚马逊蓝色起源公司研发的可重复使用的运载火箭和低轨道载人飞船等，也是军民一体化的市场化示范项目，具有十分广阔的发展前景。

(二) 欧盟

欧盟各国协商一致，致力于国防科技一体化。欧盟各国国防工业能力不一，融合发展方式也不同，但各国都致力于军民一体化，在统一政策、整合国防工业和强化人才交流等方面达成一致，为实现融合发展奠定了基础。

制造卓越是指以德国为代表的工业装备制造具有良好的制造品质，通过技术共享、产业融合实现了装备产品的一流制造，保障了制造的水平和质量；智能创先是指以"德国工业 4.0"为代表的智能制造发展崛起，成为欧盟装备制造的新亮点，揭开了全球制造智能化的历史进程；协同发展是融合发展中达到的良好效果，取得了装备制造在军事需求和经济效益上的有机协同。

2001 年，英国颁布了《面向 21 世纪的国防科技与创新战略》，其中说明应该参考、引进、理解以及运用国际上的先进科技，帮助先进的生产技术融入国防工业事业中。欧盟主要国家在装备采办管理中，在不影响需求的情况下，以适应民用技术标准为优先，降低了技术转移的门槛。

欧盟拥有仅次于美国的工业基础，拥有不可忽视的战略力量。目前，欧盟已发展成为智能制造领域的引领者。欧盟是发展智能制造最积极的地区之一，以德、法、英、意、瑞典为代表，欧盟国家智能制造的工业基础雄厚，核心技术和部件基本能够自给自足；欧盟的智能制造观念比其他国家要宽泛，"未来工厂"则更多地聚焦到了智能制造技术及其逐层级的应用上；欧盟是最早开始支持智能制造的地区之一，现在欧盟框架计划还在投入大量资金进行相关研究，参与的企业近千家；欧盟国家的工业企业发展智能化制造的意愿较高，并且以德国为首已经在部分领域实现了突破。

总的来说，欧盟具有全面而积极地发展以智能为特色的未来制造的决心与高就绪度的生态系统，主要体现在以下 4 个方面。

1. 工业制造基础

欧盟包括德、法、英、意、瑞典等众多先进工业制造国家，无疑具有充足而可靠的工业基础来发展智能制造，在终端产品、机床、机器人、电气、自动化、通信、软件等方面都具备世界一流水平的企业和研究机构。例如，德国拥有戴姆勒、西门子、博世、KUKA 系统、SAP、弗劳恩霍夫研究所等；英国拥有罗尔斯·罗伊斯、GKN 航宇、Delcam、英国焊接研究所(TWI)等；瑞典拥有沃尔沃、ABB、山德维克·可乐满、爱立信等。这些企业和机构，在工业制造智能化方面积累了坚实的基础，为工业 4.0 的深度推进奠定了基础。

2. 智能制造定位

从欧盟各国战略发展计划来看，智能工厂和软件密集型嵌入式系统是重点。欧洲企业对这两个方向的研发计划也格外重视，并且积极投入面向未来智能制造到转型之中，比如西门子、博世等大型工业企业现在也摇身变为 IT 企业。

智能工厂对于欧洲的重要性不论是从欧盟"未来工厂"计划，还是德国"智能工厂"计划，抑或是英国"未来工厂"报告中都能反映出来。智能工厂实际上就是智能制造在工厂中的应用，可以应用在机床或工艺层级，也可以运用在生产线或运行层级，这个提法对于各种企业规模和各种生产规模的企业都适用。智能工厂最基础的内容就是软件密集型嵌入式系统，或者信息物理系统(CPS)。

由软件密集型嵌入式系统演进而成的信息物理系统是工业 4.0 的基础，也是智能制造的基础。欧盟"嵌入式计算系统"(ARTEMIS)

已经运行多年，而崭新的"电子组件和系统"(ECSEL)计划，将半导体工艺/设备/材料、设计技术、信息物理系统、智能系统集成这4项关键能力看作是未来智能移动、智能社会、智能能源、智能健康、智能制造/生产5大关键应用的基础。

3. 政府企业支持力度

英国早在2017年就提出"现代工业战略"，旨在通过提高全国的生产力和推动增长来提高生活水平和经济增长，振兴"脱欧"后的英国经济。同时，英国政府希望依托"现代工业战略"，扭转英国高度依赖金融服务业的失衡的产业结构，提高劳动生产率，奠定英国工业在全球的领先地位。

德国"工业4.0"具体是由德国工程院、弗劳恩霍夫协会、西门子、博世等企业等联合发起的，工作组成员也是由产、学、研、用多方代表组成的。标准先行是"工业4.0"战略的突出特点。"工业4.0"战略的关键是建立一个生产设备、生产资源、生产管理系统互联互通的网络化制造，各种终端设备、应用软件之间的数据信息交换、感知、分析处理、维护等必须基于一套统一的标准化体系。因此，在"工业4.0"平台下成立一个工作组，专门处理标准化和参考架构方面的问题，以期望借助标准实现市场领先。

4. 工业发展应用现状

德国"工业4.0"自推出以后，迅速在全球范围内引发了新一轮的工业转型竞赛。德国学术界和产业界认为，"工业4.0"的概念是以智能制造为主导的第四次工业革命，旨在通过信息通信技术和信息物理系统相结合的手段，推动制造业向智能化转型。德国信息产业、电信和新媒体协会(BITKOM)对德国"工业4.0"的经济效益进行了预测。BITKOM的预测数据显示，相对于2013年，德国经济增加值将保持1.74%的年增长率，到2025年有望高达787.7亿欧元。

英国是欧洲最多样化和产量较多的汽车生产和装配基地，在世界汽车研发领域处于领导地位，世界产量最大的7家轿车生产商、8家跑车生产商、8家商用车生产商和10家大客车生产商均在英国投资设厂。英国的航空航天业是英国制造业中表现最好的分支产业，全球排名第二位，欧洲排名第一位。英国的航空航天业的收入占全球航空航天市场收入的 17%，属欧洲地区市场份额最大的国家，在全球仅次于美国。英国的航空工业门类齐全，涉及飞机机体、航空发动机、制导武器及机载系统和设备等设计和制造，以及相关的服务。英国主要核心企业包括劳斯莱斯、空中客车、庞巴迪、奥古斯塔·韦斯特兰、Spirit Aerosystem 和 GKN 等。英国还是世界上使用航天数据和技术最多的国家之一。英国的劳斯莱斯公司是世界首屈一指的引擎制造商，世界多数飞机制造公司都选择该公司的飞机发动机。

(三) 日本

日本的汽车及零配件、机床、机器人和电子电器已成为其工业制造四大支柱产业，尤其在数控精密机床和机器人制造上独树一帜。比较有代表性的企业主要有以下 5 家：

1. 发那科(FANUC)

发那科成立于 1956 年，是世界上最大的专业数控系统生产厂家，占据了全球 70%的市场份额。发那科制造的多关节机器人位居行业首位。由它制造出来的汽车焊接专用机器人质量精良，深受各大汽车生产公司青睐，仅这一种类机器人的销售额就已超过 1 400 亿日元。因此，发那科被称为促使日本机器人技术摘得世界第一桂冠的助推者。

2. 安川电机(Yaskawa)

安川电机成立于 1915 年，最初专门生产电动机。源于对电机产品的深入了解和"以独特的技术为社会和公共事业做贡献"的理念，经过 100 多年的专注研究和发展，安川电机如今在多个领域都首屈一指。

3. 川崎重工业

川崎重工业起家于明治维新时代，是日本的重工业公司，非常擅长制造半导体清洁型工业机器人，已经拥有 40 多年的制造经验。川崎重工业在物流生产线上提供了多种多样的机器人产品，在饮料、食品、肥料、太阳能等各个领域中都有非常可观的销量。

4. 不二越(NACHI)

不二越公司成立于 1928 年，它在工业机器人制造领域一直有着良好的口碑，在汽车制造业也相当活跃，使用的商标是"NACHI"。不二越是从原材料产品到机床的全方位综合制造型企业。其产品应用的领域也十分广泛，如航天工业、轨道交通、汽车制造、机械加工等。

5. 松下电器

松下集团创建于 1918 年，创始人是被誉为"经营之神"的松下幸之助，是著名的国际综合性电子技术企业集团。2005 年，松下成立机器人部门，开始大力推广机器人事业。在工业机器人领域拥有良好市场的松下，非常擅长零部件的组装。松下制造的机械手臂与手指非常灵活，是精密仪器制造中不可或缺的高级助手。

三、高端电子装备制造智能化融合发展的方向及趋势

(一) 工程科技未来发展的颠覆性技术趋势

"颠覆性技术"(Disruptive Technology)，也译作"破坏性技术"，由管理学大师、哈佛商学院教授克里斯坦森(Christensen)于 1995 年在《颠覆性技术的机遇浪潮》(*Disruptive Technologies: Catching the Wave*)一书中首先提出。1997 年，他在《创新者的窘境》(*The Innovator's Dilemma*)一书中通过总结商业案例对颠覆性技术内涵做了进一步的阐述，认为颠覆性技术是以意想不到的方式取代现有主流技术的技术，"它们往往从低端或边缘市场切入，以简单、方便、便宜为初始阶段特征，随着性能与功能的不断改进与完善，最终取代已有技术，开辟出新市场，形成新的价值体系"。

纵观信息技术的发展历史，在其萌芽初期，也属于颠覆性技术，而随着技术的创新、产业的发展，通过融合发展机制的双向运转，信

息化带动了工业化的历史进程，引领了全球工业制造一个时代的迅猛发展，为先进制造的更新、升级、跃迁奠定了扎实的基础。

1. 颠覆性技术的发展趋势

当前，新一轮科技革命和产业变革已经兴起，一些重要的科学问题和关键技术发生革命性突破的先兆日益显现，一些重大颠覆性技术创新正在创造新产业、新业态，信息技术、生物技术、智能制造技术、新材料技术广泛渗透到几乎所有领域，带动了以绿色健康、泛在智能为特征的群体性重大技术变革。从全球看，世界主要国家和地区都在积极研究及布局人工智能、云计算和大数据、虚拟现实／增强现实(Virtual Reality/Augmented Reality，VR/AR)、无人驾驶汽车等可能颠覆未来产业格局的技术，力争推动这些技术加速进入商业化阶段。

当前，颠覆性技术创新带来的大变革，正在重塑世界格局、创造人类未来，成为人类追求更健康、更美好生活的重要保障，为我国变大变强实现民族复兴创造历史机遇，对支撑我国实现 2035 年战略目标有重大意义。2035 年，世界人口与经济持续增长，能源需求与环境压力将不断增大，我国发展也将进入新阶段，对颠覆性技术发展也提出了明确的战略需求。

2. 颠覆性技术的核心领域

通过文献分析，人们统计出了重合度最高的十大技术方向。这十大技术方向集中分布在信息电子领域、材料制造领域、能源环境领域和生物医药领域，具体如下：

(1) 信息电子领域。信息电子领域是当前全球创新最活跃、带动性最强的领域，信息技术的广泛渗透正在加速推进其他领域的工程科技发展，信息技术与产业水平成为一个国家现代科学技术发展水平的重要标志。信息科技中的量子信息、人工智能、虚拟现实和移动互联网是最有可能产生颠覆性创新的领域，并且四者联系紧密，共生共荣。

(2) 材料制造领域。以机械制造为代表的先进制造技术，是现代企业竞争力的重要决定因素，对一个国家的技术经济发展起着至关重要的作用，深刻影响着我国实现社会主义现代化和民族复兴的进程。

材料工程是制造业的基础,材料创新往往对颠覆性技术革命产生重要影响。

(3) 能源环境领域。能源是人类社会赖以生存和发展的重要物质基础,发展清洁、低排放的新能源和可再生能源是全球能源转型的大趋势,以非常规油气勘探开采技术、可再生能源、清洁能源和能量储存技术为代表的颠覆性能源技术,正在并将持续改变世界能源格局。生态环境安全是国家安全的重要组成部分,是经济社会持续健康发展的重要保障,节能减排是全人类的共识。未来,大气中二氧化碳及主要污染组分多元原位固化/转化技术、循环自给型污水净化智慧工厂以及多领域融合的环境监测监管技术将是生态安全领域中颠覆性技术的集中爆发点。

(4) 生物医药领域。生命科学和医学健康是目前发展最迅速、创新最活跃、影响最深远的科技创新领域之一,已经成为新一轮科技革命的引领性力量。同时,卫生与健康科技创新水平是衡量一个国家科技创新水平的重要标志,也是影响国家综合国力和人类社会生活方式的重大民生问题。以精准医疗、下一代基因组学、合成生物技术为代表的生物医药科技前沿领域正在逐步实现多点突破,这些突破可能引发形成新理论、建立新方法、变革诊疗手段。

3. 颠覆性技术的创新战略

作为全球科技中心和经济中心,美国对颠覆性技术的布局几乎是全方位的,已公布的颠覆性技术涉及人工智能、高端制造、先进原材料及重要设备等,旨在继续引领全球科技发展,提振美国经济,保持美国军事力量的绝对领先。

日本、韩国、澳大利亚、德国等其他世界科技强国也共同认识到颠覆性技术对国家发展、产业竞争的极大推动作用,纷纷在人工智能和先进制造等领域布局,颠覆性技术在全世界范围内呈现"百家争鸣""百花齐放"蓬勃发展的局面。日本颠覆性技术创新计划(ImPACT)则将更多地关注高分子材料、泛用型电子激光器、终极节能通信设备、患者(老年人)行动辅助系统、机器人、传感系统、大脑信息控制技术、人工细胞反应堆和超大数据平台等。韩国第五次技术预测活动重点支持了 24 项技术，涵盖了无人机、智能工厂、3D 打印、智能电网、高性能碳纤维、稀有金属循环利用、多晶硅半导体虚拟现实、智能机器人、量子计算、无人驾驶汽车、人造器官等。澳大利亚国家创新及科学计划重点支持人工智能、自动化、大数据、区块链、网络安全、沉浸式拟真、物联网和系统集成等技术。最近成立的德国网络安全和关键技术的颠覆性创新机构则聚焦于网络与电子技术、人工智能。

可以看出，颠覆性技术是建立在电子信息技术与产业发展的基础上，衍生、拓展出与材料、能源、生物等领域密切相关的前沿技术，与电子装备制造有着千丝万缕的联系，未来的高端电子装备制造必然是颠覆性技术与产业发展的重点，是技术制高点发展的先机。

(二) 颠覆性技术发展中融合发展的必然选择

(1) 国防建设和经济建设的动态平衡是国家持续发展的前提，融合发展是实现国防建设和经济建设动态平衡的主要途径。

第二次世界大战结束后，各主要参战国都进入国家战略调整期。英、法、德、日等老牌资本主义国家的实力在战争中受到重创。欧洲国家开始推行欧洲一体化，寻求优势互补、合作共享，各主要国家(除德国外)基本上都采取了先军后民的发展战略。日本作为战败国，受到《波茨坦公告》的约束，不得已采取先富国、后强兵的发展战略。而新的超级大国 —— 美国和苏联为了争夺世界霸主地位开始了一场新的长 40 余年的战争 —— 冷战。美苏为相互遏制，大力发展国防事业，直到冷战结束，双方都为此付出了巨大代价。冷战结束后，美国和俄罗斯也纷纷调整发展战略，以实现国防和经济的动态平衡。美国在保持国家战略延续性的基础上，实现国防战略与经济战略的相互支撑。俄罗斯在汲取经验教训中调整国家战略，推动国防战略与经济战略的协调。欧盟各国、日本在各自特殊的国情条件下，探索国防建设与经济建设统一的有益模式。

(2) 高技术产业的资源共享是融合发展的物质基础。

冷战时期美国和苏联注重军用技术发展而致使民用高技术产业相对落后，这在很大程度上导致资源重复浪费和工作效率低下。随着科学技术突飞猛进的发展，许多对军事至关重要的高技术已主要由民用市场所推动。因此，主要军工大国都在加强军民结合，大力发展军民两用技术，积极开展军用与民用在高技术产业领域的双向转移，以加快科技进步在军事领域的应用，降低获得前沿技术的成本，缩短武器装备的研制周期，促进军用和民用产业基础相互兼容和支撑。世界各国的实践表明，建立一个既满足军事需求又满足商业需求的先进的国家技术与产业基础，是兼顾国民经济发展和国防建设的有效措施。

(3) 融合发展要聚焦可行的高技术项目。

从世界主要国家寓军于民的经验来看，航空航天、电子信息等产业都是比较适于推行融合发展的产业领域，运输飞机、飞机发动机、卫星和卫星应用、通信、微电子、先进材料等技术项目都是比较适宜军民兼容的项目领域。

(4) 市场化是培育做强融合发展的有效形式之一。

冷战结束后，许多国家的军工企业开始走向市场，不同程度地对部分国有军工企业实行"股份制"，以扩大企业的自主权，增强发展活力。美国的国防科技工业一直是以民营企业占主导地位的，但仍然强调进一步推进市场化。德国、英国、瑞典等国的国防科技工业也一直是以民营企业为主体。法国、意大利、西班牙等国是国有企业占主导地位。但是，从20世纪90年代中期开始，这些国家相继也开始推进市场化。俄罗斯在苏联解体后，很快就开始对国防科技工业的管理体制进行改革，其基本方向就是从计划经济转变为市场经济、建立多种所有制混合经济。

第三章

我国高端电子装备制造智能化融合发展存在的问题

一、历史发展与当前的主要矛盾

(一) 历史发展的经验总结

我国高端电子装备制造是在信息技术与产业发展的背景下产生萌芽、蓬勃生长、逐步壮大起来的，与电子工业起步布局同根同源，与工业制造的信息化进程紧密关联，与国家制造强国战略的整体推进一脉相承，走过了一条艰难探索、学习引进、自主自强的前进之路。

总的来看，我国信息技术与产业的发展大约经历了 30 多年时间，从 20 世纪 70 年代初生萌芽、80 年代蓬勃兴起、90 年代不断拓展到 21 世纪自主自强，经历了学习模仿、引进消化、自主创新等几个不同阶段。与此同时，高端电子装备的制造经历了从无到有、从弱到强、从低端向中高端艰难发展，集成电路、计算机、通信、软件、雷达等装备制造在学习、引进、消化吸收中得到不断发展，发达国家的高端技术和装备禁运激发了我国自主创新重大成果的出现，军用/民用、国有/民营双向互动进展显著，高端电子装备在国民经济和国防军事领域的重要地位和作用日益彰显。表 3-1 为我国信息技术产业发展的简略进程。

表 3-1 我国信息技术产业发展的简略进程

历史阶段	主要政策及举措进展	技术研发及相关装备制造
中华人民共和国成立初期—1978 年	以军用为主，研制雷达、电子对抗、计算机、通信等电子装备，实施"一五"到"五五"期间的军事工业建设，形成门类齐全的电子工业体系，推进信息技术发展	自主研发军用及民用雷达，加强国土防空体系建设、构筑防空高炮、雷达情报、航天测控、气象探测等体系；研发晶体管、集成电路，推进工业化量产
1978—1990 年	军民结合，电子工业推动民用转型，电视机、录像机等消费电子产品引进吸收；引进美国、加拿大、日本等国技术，集成电路、计算机、雷达、广电设备成为制造重点；电子工业基本战略、规划布局形成，统筹技术与装备、军品与民品、计划与市场等关系，推进战略部署及实施，提出"打基础、上水平、抓质量、求效益"的发展思路和对策，实施"两个转移"（电子工业重心转移到服务国民经济上，转移到以微电子、计算机、通信技术为主体上）及军品"七专"（专批、专技、专人、专机、专料、专检、专卡）等举措	积极发展消费类电子产品，如电视机、收录机、卫星广播电视设备、数字程控电话及其他家电等；重点在军事电子装备、大规模集成电路、计算机、软件等技术研发和设备制造上布局，坚持军品优先、军用技术向民用技术转移；集成电路兼顾军民两用，开展超大规模研发，计算机侧重微型机研制如 0520、0310、ZD2000 等，兼顾大中小型机发展，加快软件开发及应用，发展光纤、数字微波通信、程控交换、移动通信、电子测量仪器及其他电子装备研发制造
1990—2000 年	应对全球新军事变革，实施重大专项工程，推进重点信息技术及装备的自主研发，军队机械化与信息化融合、工业化与信息化融合，加快信息化建设进程；国家将电子工业确立为国民经济支柱产业，实施"三金工程"（金桥、金卡、金关）、"甩图板"、计算机辅助制造、制造业信息化建设等，促进移动通信、软件、集成电路发展；以信息技术产业为战略支柱，推动自动控制、计算机仿真、人工智能等技术在各个行业领域的普及应用	自主研制先进的有源相控阵雷达、精密测量雷达等高端电子装备，提升信息化作战能力和水平，争夺制信息权优势；国家实施数字程控交换机国产化和 908、909 集成电路专项工程，着力推动通信、电子元器件以及软件建设；国产高性能计算面向地质、勘探、气象等复杂计算需求开展研制；加快发展新一代信息技术和网络技术，推进武器装备智能化和工业制造信息化建设

续表

历史阶段	主要政策及举措进展	技术研发及相关装备制造
2000 年至今	以信息化带动工业化、以工业化促进信息化，依托重大工程实现核心技术突破，鼓励使用国产首台首套产品，大力推进"三网融合"(电信网、广电网、计算机网)；实施制造强国战略，促进融合发展，着重发展微电子、软件和计算机产业，把握技术主动权，抢占制高点；制定《国家中长期科学和技术发展规划纲要(2006 — 2020 年)》，实施"核高基、极大规模集成电路制造技术及成套工艺、新一代宽带无线移动通信"等 16 个重大专项；启动智能制造示范项目、《信息通信网络与信息安全规划(2016 — 2020 年)》《新一代人工智能发展规划》、网络强国战略等，重视发展前沿颠覆性技术	加大、加快国产集成电路产业发展，2014 年出台《国家集成电路产业发展推进纲要》，设立国家集成电路产业投资基金，大力扶持集成电路制造业的自主发展，着力破解芯片制造的瓶颈难题；自主研发制造先进预警机空警 2000、空警 200、空警 500 等，取得了雷达制造技术上的新突破；超级计算机"天河二号""神威·太湖之光"连续领跑，取得超算能力的不断突破；加强下一代互联网及 IPv6 技术研发，推进 5G 商用，强化网络信息安全建设，完成北斗导航的系统建设，加快量子通信、人工智能等前沿技术研发布局

回顾我国信息技术与产业发展的历史进程，结合电子装备制造的实践，有以下三点经验值得归纳总结：

(1) 核心技术在融合发展过程中发挥着重要作用，掌握核心技术的关键是开展自主研发、实现自主可控。

核心技术的发明、研制，依靠学习引进、消化吸收是无法产生的，只有通过原始创新、自主创新，才能真正把握主动权，而西方发达国家对我国的禁运，往往可倒逼出自主创新的动力与能力。我国"两弹一星"、核工业等都是在发达国家技术封锁的情况下自主研制发展起来的，雷达也是主要的禁运技术之一。从中华人民共和国成立之初的第一部气象雷达、米波 406 雷达、微波警戒雷达、远程警戒雷达 408、

COH-9A 炮瞄雷达的自主研制，到 20 世纪七八十年代的 7010 雷达，精密跟踪测量雷达，三坐标雷达 JY-8、JY-14，先进远程警戒雷达 YLC-4、YLC-6 等，以及更加先进的二维有源相控阵雷达、稀布阵雷达、数字阵列雷达等，我国先进雷达技术的研制，在加强自主创新、原始创新的方向上走出了一条成功之路。

此外，俄罗斯的雷达设计制造体系与美国不同，也为我国提供了一个很好的借鉴范例和发展思路。美国雷达的设计研制，一般都采用最先进的元器件技术、追求一流的性能，往往一部多功能相控阵雷达就能肩负搜索、跟踪、火控等多种任务；雷达中使用了大量高功率芯片，信号处理速度快、效率高、装备体积小、易维修。而俄罗斯的雷达设计制造，没有采用大量高端芯片，而是充分利用微波电路、模拟电路、电真空技术，加强系统设计的整体性，抓主要矛盾，追求高可靠、高效能、低成本、低功耗的目标，虽然体积较大，但实用、可靠，形成与美国截然不同的研制模式，值得我们学习借鉴。

(2) 先进制造从技术的突破开始，必须和产业发展、行业应用紧密结合，融合发展是协同创新的必由之路。

技术的创造发明是装备制造的起点，而先进制造的发展则必须让先进技术与产业发展、行业应用紧密结合起来，才能真正在制造上孕育出一流的产品和装备，服务于国民经济和国防军事建设。芯片制造是电子装备制造的核心环节之一，而集成电路产业发展、行业应用则是 IC 设计技术、制造技术、封测技术不断取得更新进展的深厚土壤。我国早期的集成电路研发，在 20 世纪五六十年代曾研制出硅合金晶体管、平面型扩散晶体管、DTL 型数字电路等，与当时全球先进水平的差距约 5～7 年；到 20 世纪七八十年代，建设工厂实施量产，引进设备，建立 3～5 英寸产线，开始小规模工业生产并逐渐发展，与美国差距约 8～10 年；之后，通过中外合资、实施 908 工程和 909 工程，推进技术引进与行业发展，取得了一定进展，但在发达国家先进技术与产业发展的激烈竞争下，未能真正崛起；随着全球芯片制造设计与制造分离、代工蓬勃发展，我国集成电路的设计、制造水平与世界先进水平差距拉大，迄今存在2～3代的差距。2014年我国启动国家集成电路产业投资基金，重点在芯片制造的高技术、高风险、高投资产业发展上加大投入，追赶世界先进水平，弥补高端芯片自主研发制造不足的严重短板。

北斗卫星导航系统是我国自主研制的卫星导航系统，从建设伊始就在导航芯片、高精度定位、天线等关键技术上取得了重大突破，如40 nm级"航芯一号"、米级高精度定位手机等。建设过程中，通过融合发展由基础产品、应用终端、应用系统和运营服务构成全产业链，基础产品已实现自主可控，国产芯片、模块等关键技术全面突破，性能指标接近国际同类产品，在交通运输、地震预报、气象测报、国土测绘、科研教育等多个领域得到广泛应用。

(3) 高端电子装备在融合发展中举足轻重，其前瞻规划、系统布局、战略定力、持续能力至关重要。

高端电子装备具有典型的基础性、示范性、引领性，对于国防军事、国民经济乃至整个社会生产生活的影响巨大。以计算机为例，我国计算机工业的发展，经历了早期仿制、引进消化、微型机发展、大中小型机兼顾、高性能计算机突破等不同的历史阶段，从0520微型机、150机、长城286微机到"天河一号""天河二号""神威·太湖之光"，计算机软硬件的发展，在国防军事、工业制造、生产控制、经济金融、气象地质、生活消费等诸多领域发挥了重要的示范引领作用，在融合发展进程中的地位举足轻重。计算机的自主可控，成为当前设计、制造、测试的重点，我国自主研发的国产计算机在自主CPU、操作系统、数据库以及高水平制造工艺上与世界一流水平仍有较大差距。纵观我国计算机工业几十年的历史发展，曾经在自主研制上进行了规划布局、主动探索，但与信息技术迅猛发展的全球趋势相比，进展相对缓慢，自身自主可控的软硬件体系未能完整建立起来，单纯采取引进、消化、吸收的方式不能够解决自主创新的根本问题。高端电子装备的发展，必须走自主创新、原始创新之路，其发展中的战略定力、持续能力非常重要。因此，我们需要全面梳理我国高端电子装备制造中的核心问题和主要矛盾，面对全球新一轮科技与产业革命的挑战，迎难而上，突破自主核心技术研制的瓶颈制约，破解技术与产业融合发展的掣肘难题，着力推进高端电子装备制造的不断创新与跨越。

(二) 当前的"卡脖子"难题

在全球新一轮科技与产业革命到来之际，世界制造业的竞争愈发激烈，工业制造从传统的机械化、电气化向自动化、智能化快速迈进，先进制造的迅猛发展带动了技术创新与产业变革的历史机遇，也带来了制造强国与制造大国之间的碰撞与矛盾。

美国一直是高端电子装备制造的世界强国，自二战后始终占据着信息时代的发展先机和技术前沿，不仅较早地完成了工业化制造进程，而且引领了全球信息化的发展潮流。美国长期以来在集成电路、计算机、软件、网络、智能科学与技术等方面积累了深厚的知识、技术、人才基础，在计算机辅助制造、计算机集成制造、柔性制造、敏捷制造、网络制造、人工智能等方面奠定了扎实的产业和行业基础，把握了工业制造3.0、4.0的发展先机。

随着技术和产业发展竞争趋势的愈发激烈，世界范围内贸易摩擦的因素增加，美国"逆全球化"和单边保护主义思潮的出现，使中美贸易摩擦逐步升级。自2017年美国对中国发起"301调查"，到2018年中美贸易争端发生，美国政府出台《外国投资风险评估现代化法案》，加大对中国的关税征收，中美贸易战爆发并不断升级，"中兴事件""华为事件"乃至美国、澳大利亚等国家针对华为5G设备的封堵与遏制，再加上新冠肺炎病毒疫情在全球不断蔓延的综合影响，美国对中国在高新技术、高端装备等方面出台了技术出口管制清单，牵扯到我国44家实体单位出口管制，涉及14类领域的新技术引进，美国针对中国高新技术与产业发展的"卡脖子"现象逐渐显露。

在当前"卡脖子"难题中，高端电子装备首当其冲，芯片、工业软件、核心零部件、关键基础件等，涉及先进制造数字化、网络化、智能化发展的基础和命脉，急需通过自主创新、原始创新打破发达国家的技术封锁和产业垄断，早日走出一条适合中国特色的发展新路。

综合看，我国"卡脖子"的难题聚焦在高端电子装备上，主要有以下几个关键技术和产业制造方向：

其一，芯片制造。芯片是众多高端电子装备的"大脑"，是集成电路的载体，其制造从设计、加工、封测到材料、装备、工艺等主要环节和关键因素，都有着非常复杂的工序和极其庞大的产业关联性，如晶圆、光刻机、光刻胶以及 EDA 设计、光刻、刻蚀、扩散、离子注入、封测等精密设计与制造工艺，代表着高端电子装备制造的核心水准。我国是集成电路进口大国，自 2013 年集成电路跃居进口产品首位之后，2018 年进口额已经突破 3 000 亿美元，占全球市场规模近60%，在高端芯片上对外依赖度很高。我国急需打破"卡脖子"的瓶颈，增强自主研发能力，加快自主可控替代进程。

其二，软件系统。软件是高端电子装备的"灵魂"，没有软件的支撑，电子装备的运行和信息技术的广泛应用，就会成为无源之水、无本之木。软件主要分为系统软件(基础软件)、支撑软件、应用软件、工业软件、嵌入式软件、信息安全软件、其他软件等 7 类。系统软件是基础，工业软件是工业制造中举足轻重的核心部分，在设计、制造、测试等主要制造环节中不可或缺。我国软件在操作系统、中间件、核心工业软件(如高端设计与仿真软件)、数据库等方面的对外依存度较高，面临一旦禁运就会导致停摆的巨大风险，急需突破自主发展软件系统的瓶颈。

其三，核心器件和基础部件。核心器件和基础部件是高端电子装备制造必不可少的组成部分，如高端电容电阻、传感器、FPGA(现场可编程门阵列)、DSP(数字信号处理)、机器人关键部件(减速器、控制器、伺服电机等)、旋转关节等。这些核心器件和基础部件的制造，不仅对电路设计、制造、测试有很高的要求，而且在机电光磁热等多场、多尺度、多介质的复杂设计制造中，对制造装备、制造工艺(精密超精密制造)、制造过程中的精确运动控制以及高精度加工、微纳系统制造等具有高标准的制造要求。我国在核心器件和基础部件的自主制造上还有很大差距，对外依赖较强。

其四，测试仪器和控制系统。测试与控制是高端电子装备制造中的重要环节，而我国高端测试仪器却长期依赖进口，最为突出的例证是应用在医疗器械上的高端仪器，如高端医学影像设备、X 射线衍射仪、透射式电镜，基本上依赖进口，自主制造测试仪器的能力亟待提升。同时，在工业制造过程中的高精度、高速度在线测试和高性能运动控制、高柔性过程控制方面，我们需要攻克几何量、力学量、电磁量和时频量的超高精度实时测试和高速高精度平滑插补、高精度协同控制、结构与控制集成设计等技术，研制具有自主知识产权的高端系列测试仪器、测试系统和工业控制系统，突破目前高端制造中关键测试仪器和控制系统主要依赖进口的瓶颈问题。

其五，其他重点装备的智能化系统。在其他战略性新兴产业、高端装备制造业方面的智能化系统研制上，如高档数控机床的数控系统、飞机的航电系统、柔性制造系统(FMS)、计算机集成制造系统(CIMS)以及航空、航天、船舶、能源、交通等领域的数字制造和创新设计的智能化重点装备等，也同样需要加强自主研发、制造的力度，以扎实推进我国数字化、网络化、智能化制造的战略进程。

(三) 现阶段发展的主要矛盾

现阶段我国高端电子装备制造发展面临的主要矛盾是：工业制造转型升级、先进制造创新发展急需的数字化、网络化、智能化趋势需求，与现阶段高端电子装备自主制造、融合发展的不相适应之间形成的强烈反差和供给不足之间的矛盾。

具体说来，我们存在以下三个方面的主要问题：

(1) 电子装备制造急需突破高端瓶颈。

我国电子装备制造经历了从无到有、从小到大的艰难历程，解决了应用需求的基本问题，在中低端层面积累了自主发展的一定基础，实现了规模化发展的市场价值。然而与美国等制造强国相比，我国高端电子装备制造仍然存在较大差距，特别是高性能芯片、高端工业软件、核心元器件、关键零部件、先进电子功能材料、传感器等，被发达国家在出口禁运、技术封锁、贸易挑战等方面重重制约，牵制着我国工业制造向数字化、网络化、智能化方向的快速发展，成为制造强国进程中一个必须突破的瓶颈。例如，在集成电路的制造工艺上，先进技术已经逼近 3.5 nm，而我国仅实现了 14 nm 量产，高端制造的差距使自主发展处处受到制约。我国高端电子装备的制造，不仅对电子信息技术行业意义重大，也在高端装备制造、战略性新兴产业发展上具有重要的引领性、支撑性作用，急需突破瓶颈的制约，从而推动我国高端装备制造的跨越发展。

(2) 自主可控需求急需深度融合协同。

高端电子装备制造的自主可控，不仅是国家军事装备和国防安全建设的必然要求，也是国民经济繁荣强大的支柱，必须通过融合发展才能破解自主可控的难题，实现先进制造引领下的协同发展。发达国家在高端电子装备制造上的历史经验说明，高端电子装备制造要通过融合发展的大协同，才能实现先进技术与产业发展的整体提升。我国高端电子装备制造的融合发展仍然存在很多障碍和矛盾，最为突出的就是长期形成的制造体系和管理模式上的行业壁垒，导致资源共享困难，市场发展滞后，在先进技术和高端装备上对外依赖度高。自主可控急需解决原始创新技术、自主产业发展、军民机制转换等重要问题，从而真正解决"卡脖子"的困境。

(3) 迭代升级发展急需破解机制难题。

高端电子装备在工业制造的数字化、网络化、智能化发展上具有重要的引领和示范作用，是工业化与信息化紧密融合的"主要支撑工具"。我国工业制造当前还处于补齐 2.0、追赶 3.0、迈向 4.0 的迭代升级发展阶段，工业制造的设计、加工、测试、保障等环节仍有很多不足和短板，在设计制造的自主核心技术、关键基础件、制造装备、制造工艺上，与一流制造国家相比差距明显，在技术创新、产业发展、优化管理上仍有许多矛盾，需要梳理机制、增强活力、破解难题，尽快完成实体制造的工业化，推进转型升级的信息化和智能化。

二、典型装备设计制造中的主要问题

高端电子装备制造是一个复杂的系统工程，从制造过程的材料、装备、工艺等要素到设计、加工、测试等环节，从核心技术研制开发到技术突破的成熟度发展、设备及产品的量产制造、装备的应用反馈与维护保障等，在研制、量产、应用等全链条、全过程、全要素的进程中，存在着各种复杂的因素，直接影响着制造的水平、质量和效益。

以下选取芯片制造、高端工业软件、先进雷达、高性能计算机、卫星导航以及其他系统及装备为例，分析、提炼设计与制造技术研发、制造装备与工艺、关键制造环节、产业与行业发展等方面存在的主要问题，从智能制造、融合发展、实现技术与产业衔接的角度，探寻典型装备制造中的主要不足和存在的问题。

(一) 芯片制造

1. 概况介绍

近年来，全球集成电路产业技术的发展日新月异，在推动世界各国经济发展和安全建设中发挥着越来越重要的作用，成为支撑经济社会发展和保障国家安全的战略性、基础性和先导性产业，集成电路更被称为现代工业的"粮食"。集成电路(Integrated Circuit，IC)是一种微型电子器件，是一种把一定数量的常用电子元件，如晶体管、电阻、电容和电感等元件及布线通过半导体工艺集成在一起的具有特定功能的电路。芯片作为集成电路的载体，其定义是：晶圆的分离部分(某些情况下为整个晶圆)，用以执行一个或多个功能。在信息时代，各种电子装备如计算机、手机、通信设备、网络设备、雷达以及家电、高铁、飞机和机器人等各种电子消费产品和系统都离不开芯片。芯片制造的挑战很多，如从原材料到多晶硅的提炼、从制造工艺所需要的设备和材料到制造设备所需的相应零部件等。随着芯片进入纳米时代，其尺寸越来越小，晶体管小型化已接近物理极限水平，技术研发的成本和时间都大幅度提升，而后摩尔时代的来临，使芯片制造的创新和发展离不开新原理、新材料、新结构和新工艺等的突破。

伴随着集成电路，特别是超大规模集成电路的发展，微电子技术逐渐在信息时代发挥重要作用，并逐渐成为影响信息时代发展的关键角色。微电子技术是利用微细加工技术，基于固体物理、器件物理和电子学理论与方法，在半导体材料上实现微小型固体电子器件和集成电路的一门技术。

信息社会的发展，使得集成电路迅速发展；国民经济信息化、对传统产业的改造、国家信息安全、国民消费电子和军事电子等领域的强烈需求，使微电子技术保持着不断进步和持续发展的势头。目前，微电子技术广泛应用于国民经济、国防建设乃至家庭生活的方方面面。微电子技术的发展改变了人类社会的生产和生活方式，甚至影响着世界经济和政治格局。

集成电路产业涵盖上游材料设备、中游制造及下游应用三个模块。其中，上游材料设备模块是整个集成电路产业的基石，中游制造模块的成品芯片几乎构成所有数字技术的物质载体，下游则是不同领域的应用。全球集成电路产业发展主要有以下四点特征：

(1) 产业链长。

集成电路产业链上游材料至少包括六大类，每一类又可细分为多个类型。设备模块仅关键设备就包含七大类，每一类又包含多个型号。中游制造也可分为芯片设计、前道芯片制造和后道封测三大环节。下游应用则涉及电子信息产业几乎所有细分领域。

(2) 厂商分布区域性失衡。

上中游相关环节的企业主要来自美国、日本、韩国，以及我国的台湾地区。其中，材料主要集中在日本、美国；装备主要集中在美国、日本及荷兰；代工则部分集中在韩国，部分集中在中国台湾。

(3) 集中垄断。

上中游两大模块特别是一些重要环节的集中垄断现象明显。上游材料模块，全球前五家硅片供应商占据全球 90%以上的市场份额，而光刻胶市场基本被美日企业所垄断。设备模块的垄断更为严重，其中最为关键的 EUV 光刻机由荷兰 ASML 独家垄断。中游制造模块，全球前三家 EDA 公司占据 60% 以上的全球市场份额；晶圆代工方面，台积电独占全球 50% 以上的市场份额。

(4) 高技术门槛和技术关联度。

集成电路属于资金和技术双密集行业。高技术门槛不仅体现在单个环节的技术难度上，更在于不同环节前后端之间的高技术关联度，如晶圆加工精度取决于前端光刻机和光刻胶的性能，加工工艺流程的确定需要前端和后端长时间磨合验证，从而形成了前端锁定后端、上中游环节高度关联的特征。

就全球发展态势而言，主要有以下三点：

(1) 全球半导体市场陷入新低谷。

2019 年全球半导体市场规模约为 4 423 亿美元，同比下降 12%；集成电路市场约为 3 566 亿美元，同比下降 15%，市场增速陷入近十年新低。其中作为主导领域的存储市场降幅最高，规模同比下降约三分之一，达 1 096 亿美元。市场增速降低导致半导体企业投资偏向保守，2019 年全球半导体行业资本支出 1 035 亿美元，同比下降 2%，但资本支出占比最高的制造支出却同比上涨 14%，增长贡献全部来自台积电。存储领域支出占比第二，受市场需求影响同比下降 18%。

(2) 技术创新依旧活跃。

制造领域，台积电 5 nm 工艺 2021 年已进入量产，三星完成 5 nm 工艺研发，英特尔 10 nm 工艺制程成功量产。IMEC 提出新型 Forksheet 晶体管结构，适合在 2 nm 及以下工艺节点部署。存储领域，三星、美光、SK 海力士均发布 128 层 3D NAND 闪存芯片；台积电将自旋扭矩传递磁性存储器集成至 22 nm FinFET 工艺中，提高抗磁性和抗高温特性。

(3) 产业发展不确定性增加。

受贸易战、管制清单、技术封锁等利益博弈以及新冠疫情等诸多不确定因素的影响，导致供应链中断和劳动力短缺风险，加剧产业发展的不确定性。SEMI(国际半导体产业协会)2023 年 3 月表示,2023 年全球半导体销售额预计将下滑 8%～10%,全球半导体设备市场将呈现自 2019 年以来首次负增长。

我国芯片制造水平已经实现全方位提升,但距离国际先进水平仍存在较大差距。设计方面,我国移动芯片设计技术接近全球先进水平,国内推出 7 nm 量产手机芯片,支持 5G 低频及毫米波频段;人工智能芯片产品实现从云端到终端、从训练到推理的体系化布局,并涌现出多家创新力量。制造方面,我国已实现从 0.35 μm 到 28 nm 的多技术节点覆盖,14 nm 工艺进入客户验证阶段,试产良率达到 95%。封测方面,我国先进封装占比为 40%～60%,具备系统级封装、7 nm 芯片封测等规模量产实力。此外,我国在存储器、化合物半导体、微机电系统等重要方向的布局也逐渐产出成果,5 nm 离子体刻蚀机等关键装备、12 英寸硅片等重要原材料的产业化应用也已铺开。

但整体而言,我国高端芯片、核心元器件受制于人的情况仍然存在,高端处理器、高端存储、射频器件等产品供给能力不足,关键装备、高端原材料、EDA 工具及 IP 核等缺口较大。以中兴公司为例,公司所需的很多元器件都需要进口。中兴公司所面临的情况,是国内电子产业厂商共同面临的问题。在中低端芯片领域中国企业自给率较高,但在高端芯片领域对外依赖性较强。

我国光电子产业竞争力有待进一步增强。一是我国光电子技术研发紧跟国际发展前沿,在 100G 硅光子芯片、多波长激光器阵列、10G 电吸收调制器(EML)、芯片、阵列波导光栅(AWG)芯片、超高速长距离光传输、高速光调制器、大规模光交换芯片,以及全光信号处理芯片等光电子集成技术方面取得了重要进展。二是我国光电子芯片技术与发达国家还存在较大差距,高端核心芯片工艺及高端装备仪表水平落后。三是我国光电子产业呈现"应用强、技术弱、市场厚、利润薄"的结构特征。受高端工艺、生产装备等限制,我国光电子高端产品研发能力薄弱,面临产业链发展不均衡的挑战。四是我国高端光电子器件需求和产能失调,缺乏有国际竞争力的高端产品。

2. 制造分析

整个芯片制造包括设计、制造与封测三个阶段。

1) 芯片设计

芯片设计主要包括逻辑设计、电路设计和图形设计三个步骤,常用的工具有 IP 模块和 EDA。

2) 芯片制造

芯片制造的主要工艺流程如图 3-1 所示。

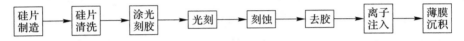

图 3-1　芯片制造的主要工艺流程

芯片制造所需要的设备主要有单晶炉、清洗机、匀胶显影机、光刻机、刻蚀机、离子注入机和薄膜沉积设备等。除此之外,芯片制造还会使用前道量/检测设备,主要有椭偏仪、光学显微镜、扫描电子显微镜和原子力显微镜等。

3) 芯片封测

芯片封测包括封装和检测,主要工艺流程如图 3-2 所示。

图 3-2　芯片封测的主要工艺流程

在封测中,使用的封装设备主要包括减薄机、划片机和键合机等,使用的检测设备主要有测试台、探针台和分选机等。

3. 关键技术

1) 芯片设计

在芯片设计中,首先是规格制定,确定芯片的目的、效能,察看设计的芯片需要何种协议,接着确定芯片的实现方法,将不同功能分配成不同的单元,并确立不同单元间连接的方式,如此完成规格制定。然后使用硬体描述语言(HDL)将电路整体轮廓描绘出来,其间需要检查程式功能的正确性并持续修改,将确定无误的 HDLcode 放入电子设计自动化工具(EDAtool)转换成逻辑电路图，其间也需要反复确定逻辑电路图是否符合规格并修改，直到功能正确，完成逻辑合成。最后将合成完的程序码再放入另一套 EDA tool，进行电路布局与绕线，经过不断地检测，形成电路图。

2) 硅片制造

从硅砂提炼出电子级高纯度的单晶硅，在高温下经过旋转拉伸的工艺制备出硅锭。然后将硅锭切割成硅片，通过研磨和抛光处理制造出符合芯片制造苛刻要求的硅片。其中的技术挑战主要是缺陷必须控制在 10^{-9} 或更优的量级，只有当良品率在盈利标准以上才可以实现大生产。

3) 光刻工艺

光刻工艺就是把设计好的图形转移到具备光敏特性材料(光刻胶)覆盖的硅片上的方法。芯片设计工程师在每一层上把各种图形设计完成后，需要把图形转移到硅片上，这个精密的图形转移技术包括光刻和刻蚀两步。

首先，工程师需要把设计好的图形转移到掩膜板上；然后，把掩膜板上的设计线路图形转移到硅片上。图 3-3 是一个典型的光刻工艺流程。

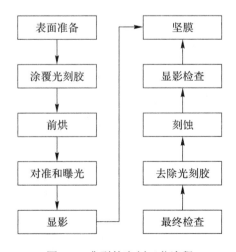

图 3-3　典型的光刻工艺流程

在这个工艺流程中，所使用的主要设备是显影机和光刻机，其中曝光是在光刻机中完成的，其余的均在显影机中完成。

该工艺流程所使用的主要材料有掩膜板、各种抗反射涂层、光刻胶、抗水顶盖涂层、显影液以及各种有机溶剂。

4) 刻蚀工艺

光刻工艺是支持刻蚀的技术手段，最终目的是将光刻胶上的图形精密地转移到硅片上。光刻工艺之后，所设计的图形就显示在光刻胶上。刻蚀就是使用化学或物理方法有选择地从硅片表面去除不需要的材料的过程。光刻和刻蚀被称为精密图形转移技术，光刻工艺把图形转移到光刻胶上是手段，把光刻胶上的图形通过刻蚀工艺落实到硅片上是目的。

5) 扩散和离子注入工艺

扩散和离子注入工艺的主要功能是对半导体材料表面附加区域进行掺杂，形成 PN 结。扩散是高温工艺，成本较低，但是无法控制掺杂物质的浓度和深度；离子注入是低温工艺，成本相对较高，但可精确控制掺杂物的浓度分布。

6) 薄膜制备工艺

薄膜制备工艺的过程是采用物理或化学方法，将物质附着于衬底材料表面上。薄膜制备工艺主要包括三大种类：物理气相沉积、化学气相沉积和原子层沉积。在集成电路芯片进入纳米时代后，原子层沉积工艺开始进入产业主流。

7) 封测

封测包括封装和测试。封装就是给加工好的芯片安装外壳，这个外壳可以是塑料、陶瓷、金属或者玻璃，把芯片上的电路管脚用导线连接到外壳的引脚上，这些引脚又通过印刷电路板上的导线与其他器件相连接，从而实现内部芯片与外部电路的连接。测试主要指封装后的成品测试，测试芯片的功能及稳定性。

除此之外，需要使用上述提到的检测设备对工艺过程的稳定性进行监控和预测，尽早发现异常，及时改进工艺，保证生产的顺利进行。

4. 存在的差距

1) 设计软件 EDA

EDA 行业高度垄断，前三家 EDA 公司(Synopsys、Cadence 及 Mentor)垄断了国内芯片设计 70%以上的市场，他们给客户提供完整的前后端技术解决方案。

目前国内企业中，北京华大九天软件有限公司是国内规模最大、技术最强的 EDA 企业，是大规模集成电路 CAD 国家工程研究中心的依托单位。华大九天承担国产 EDA 软件研发与推广重任，致力于提供专业的 EDA 软件、IP 产品及相关解决方案。另外，广立微在 Foundry 良率测试分析工具方面做得不错，芯禾科技亦针对射频芯片设计和验证推出了工具集。

2) 制造材料

制造材料包括硅片、靶材、光刻胶、掩膜板、高纯试剂和电子特种气体等。其中，硅片、光刻胶、掩膜板和电子特种气体最为关键。

(1) 硅片。

全球前五家硅片供应商是信越化学、三菱住友、环球晶圆、世创电子和 SK Siltron，它们占据全球半导体硅片市场 90% 以上的份额。其中，日本信越化学最早成功研制 300 mm 硅片并实现了 SOI 硅片的量产，能制造出 11N(99.999 999 999%)纯度与均匀度的结晶构造的单晶硅。德国世创电子早在 2014 年就在新加坡开设了全球最大的 200 mm 和 300 mm 硅片厂，产能分别为 23 万片/月和 32.5 万片/月。

相较而言，国内 8 英寸(200 mm)硅片已经开始进入放量阶段，但 12 英寸(300 mm)硅片不足，质量也有待提高。上海新昇承担了国家"02 专项"核心工程之一的"40~28 纳米集成电路制造 300 毫米硅片"项目，截至 2022 年 8 月，上海新昇累计已实现 600 万片的出货，已基本实现 300 mm 大硅片的自主可控。上海新昇目前正在建设 60 万片月产能，将进一步缩小与国际供应商的规模差距，扩大市场份额，后续规划实现 150 万片月目标，成为全球主流硅片供应商。

(2) 光刻胶。

光刻胶由感光树脂、增强剂和溶剂三种主要成分组成，是一种对光敏感的混合液体。它是利用光化学反应，经曝光、显影、刻蚀等工艺将所需要的微细图形从掩膜板转移到待加工硅片上的图形转移介质。

目前全球的光刻胶市场被日美韩企业垄断，主要企业有日本合成橡胶、东京应化、住友化学、富士电子、信越化学，美国罗门哈斯，韩国东进等。其中行业龙头日本合成橡胶能够量产 EUV 光刻胶、电子光束胶、ArF 193 nm 光刻胶(包括干法和浸没法)和 KrF 248 nm 光刻胶等，拥有一套完整的光刻胶产品体系。

相较而言，国内的光刻胶龙头北京科华产品覆盖 KrF(248 nm)、I-line、G-line、紫外宽谱的光刻胶及配套试剂，拥有中高档光刻胶生产基地，分别有百吨级环化橡胶系紫外负性光刻胶和千吨级负性光刻胶配套试剂生产线、G/I 线正胶生产线(500 吨/年)和正胶配套试剂生产线(1000 吨/年)、百吨级 248 nm 光刻胶生产线。

(3) 掩膜板。

掩膜板在集成电路行业中的作用就像照相行业中的胶卷底片，主要完成图形"底片"的转移，即用光刻机在原材料上刻出相应的图形，整个光刻过程主要通过透光与非透光的方式进行图像复制。

目前全球的掩膜板市场被台积电、三星和英特尔垄断。显影/刻蚀技术能力是掩膜板厂家的核心技术之一，国内的清溢光电掌握了显影/刻蚀的关键技术，包括基于光刻环节和显影/刻蚀环节对 CD 精度的控制，经测试和验证发现 CD 控制精度在 800 mm × 960 mm 面积范围内，已达到 80 nm 控制水准，各项指标已等同或接近于国际先进水平。

(4) 电子特种气体。

在集成电路制造中使用 110 余种气体，约占全部生产材料的三分之一，气体的纯度、洁净度，直接影响电子元器件的质量、集成度、特定技术指标和成品率，并从根本上制约着电路和器件的精确性和准确性。

国内的电子特种气体龙头华特股份主营工业气体生产，以氟碳类气体见长，2017 年 Ar/F/Ne、Kr/Ne、Ar/Ne 和 Kr/F/Ne 等 4 种混合气通过全球最大的光刻机厂商 ASML 产品认证,中国第一,全球前四,2019 年登录科创板,其公司部分气体产品已经形成一定规模的市场占有率。

3) 制造装备

集成电路制造装备是集成电路产业链的一个重要环节,主要有以下六大类:光刻机、刻蚀机、离子注入机、清洗设备、薄膜沉积设备和封测设备。

(1) 光刻机。

光刻机是集成电路设备中技术难度最大、价值最大的设备。全球高端光刻机市场几乎是 ASML 一家独大,且 ASML 旗下的产品覆盖了全部级别的光刻机设备,日本的 Nikon 和 Canon 也有一定的市场占有率。国际上最先进的光刻机当属 ASML 的 EUV 光刻机,能够实现 7 nm 以下的制程,且未来计划在 3 nm 引入 0.55NA 的形变镜头,可以提高光刻机的分辨率和生产率。

相较而言,上海微电子是国内唯一掌握光刻机设计、集成和整机制造的制造商,已可以生产 90 nm 的 ArF 光刻机,并已于 2023 年交付企业使用。90 nm 光刻设备通过曝光技术是可以做出更先进工艺的,但与国际光刻机龙头之间还存在相当差距。

(2) 刻蚀机。

除了光刻机之外,刻蚀机是芯片制造工艺中第二重要的设备。全球的刻蚀机市场被拉姆研究、东京电子和美国应用材料所垄断。其中拉姆研究和美国应用材料垄断硅基刻蚀,东京电子则垄断介质刻蚀。

目前,我国企业在刻蚀机领域已经有所突破,具备了一定的国际竞争力,在国际市场上崭露头角,如中微半导体设备(上海)股份有限公司的 16 nm 刻蚀机已实现商业化量产,同时顺应国际技术趋势,已具备生产 7~10 nm 刻蚀设备的能力,达到世界先进水平。

(3) 离子注入机。

离子注入机主要用于芯片制造的掺杂工艺,即在真空系统中,用经过加速的、要掺杂的原子的离子注入晶圆表面,从而在所选择的区域形成一个具有特殊性质的注入层。目前低能大束流离子注入机市场得到进一步的发展。

全球的半导体制造离子注入机市场被美国应用材料和亚舍立所占据，而最为重要的低能大束流离子注入机市场被美国应用材料、亚舍立和汉辰科技所占据。现阶段而言，亚舍立和客户合作开发的 Purion 离子注入机系列，能够应对 10 nm 或更高的工厂工艺的挑战。美国应用材料 VISTA3000XP 采用瓦里安双磁铁单晶圆结构，可提供高级高能应用所需的角精度。

北京中电科电子装备集团有限公司的大束流离子注入机，完成了 β 机和商品机开发，在大生产线进行 45～22 nm 工艺验证。上海凯世通半导体股份有限公司的 iPV-6000 第四代光伏离子注入设备目前市场上极高产能的光伏离子注入机设备，可兼容磷烷和固态磷作为掺杂源。能量 5～15 keV，均匀性小于 4 cm^2/ma，产能 6 000 WPH。

(4) 清洗设备。

芯片制造工艺中要始终保持硅晶圆表面没有杂质，这就需要用到清洗设备，清洗机约占整个生产线投资的 10%左右。目前主要采用干法清洗设备。

全球半导体晶圆清洗设备领域的龙头依然是美日的一些大型企业，如日本迪恩士、东京电子、美国拉姆研究等。目前国内的清洗设备领域有所突破，具备了一定的国际竞争力，盛美半导体设备有限公司研发的 Ultra C SAPA Ⅲ 单片兆声波清洗机，通过了韩国集成电路企业的大生产线工艺评估，有望成为下一代微小颗粒清洗的主流设备。

(5) 薄膜沉积设备。

全球半导体薄膜沉积设备领域被美日一些大型企业所占据，如美国应用材料、拉姆研究和东京电子。美国应用材料在化学气相沉积设备和物理气相沉积设备领域保持领先地位。

国内的北方华创、沈阳拓荆等企业正在薄膜沉积设备领域实现突破；其中北方微电子的 PVD 设备可用于 28 nm 的 Hard Mask 工艺，并且可以量产。

(6) 封测设备。

相对而言,芯片封测环节的壁垒较低。但就国际市场而言,整个封测设备领域的龙头依然是国外的一些企业,封装龙头是 ASM 太平洋科技,前道量检测龙头是美国科磊 KLA,后道 SoC 测试龙头为美国泰瑞达。

国内的长电科技、华天科技和通富微电等内资企业已进入全球封测企业前二十,并通过不断收购和兼并重组等方式参与到国际竞争中。目前封测行业已经成为我国集成电路产业链中最具有国际竞争力的环节。

综上所述,我国在集成电路关键装备方面已经拥有了许多具有实力的企业,但在高端装备方面确实存在短板,特别是在工艺 7 nm 以下工艺制程的芯片制造环节还需要努力追赶。

在集成电路后摩尔时代,芯片制造的先进工艺特征尺寸不断逼近物理极限,而新材料、新工艺、新原理的发展,是实现芯片性能、成本及功耗兼顾的有效途径。极紫外光刻机解决了曝光分辨率的限制,原子层沉积设备为沉积薄膜提供了更小的工艺制程需求,化合物半导体、石墨烯、二维材料、碳纳米管等材料的发展使性能获得新的提升,围栅纳米线的新型晶体管结构工艺不断发展成熟,有望突破晶体管特征尺寸的极限。制造装备和制造工艺,成为提升芯片制造水平和质量的关键。

我国芯片制造的制造装备与制造工艺与世界一流水平相比,至少有两代的差距,高端的光刻机、刻蚀机、薄膜设备、离子注入机、清洗设备、测试设备等,急需改变对外依赖度高的局面,集成电路制造装备成为必须解决的瓶颈问题。

4) 关键器件

集成电路装备的零部件众多,涉及的领域广泛,不仅涉及相关工作台、设备框架/腔体、仪表等基础部件,也涉及相关光学部件、传感器、专业系统和软件等专用的核心部件。其中,作为集成电路设备中价值最高的光刻机,其不仅需要顶级的镜片和光源,还需要有极精准的机械部件。投影物镜是光刻机中最关键的分系统,技术难度最大,其性能直接影响到光刻机的成像质量和曝光场的大小。

但是,光刻机的关键部件,尤其是投影物镜和掩膜台等,目前基本被德国的蔡斯、日本的尼康和佳能及荷兰的阿斯麦等企业所垄断,我国还没有企业实现技术和市场的突破,就连国家的专项布局也很少涉及这一领域。

5) 晶圆代工

在全球晶圆代工领域,台积电占据了绝对的领先地位,其逻辑技术支持适用于不同应用的全系列集成电路,覆盖了从 0.18 μm 的千米铜片系统(SoC)技术到最先进的 5 nm 鳍式场效应晶体管(FinFET)技术。台积电为了维持和加强技术领导地位,计划继续大力投资研发。对于高级 CMOS 逻辑,台积电的 5 nm 和 3 nm CMOS节点研发仍在进行中。

国内晶圆代工的代表,中芯国际集成电路制造有限公司能够提供0.35 μm 到 14 nm 不同技术节点的晶圆代工和技术服务,但与国际先进水平的代表台积电还存在不小的差距。

5. 融合发展

相较于民用领域,我国军用芯片已经在一定程度上实现了自主可控,但目前仍存在不同环节的技术水平能力参差不齐等问题。在推动军工芯片领域自主可控的过程中,我国在知识产权、研发实力、生态体系和利润效益等方面依然存在不少困难和瓶颈。

我国民用集成电路设计虽已取得了不俗的成绩,但在微处理器(MPU)、半导体存储器、可编程逻辑阵列器件(FPGA)和数字信号处理器(DSP)等大宗战略产品上,尚未进入主流市场,产品性能和国际先进水平的差距依然巨大。

在核心元器件层面,军用芯片或可成为芯片国产化的突破口。现阶段,我国不论军用还是民用在元器件层面都处于吸收和模仿阶段,逐渐实现国产化替代。由于军工芯片技术开发难度较低、看重自主可控、对价格相对不敏感等特点,我们认为芯片国产化可从军工领域率先突破。

(1) 军工芯片性能弱于民用，发展技术难度降低。半导体电子产业发展迅速，根据"摩尔定律"：当价格不变时，集成电路上可容纳的元器件的数目，约每隔 18～24 个月便会增加一倍，性能也将提升一倍。民用电子器件的发展迅猛，更新换代的速度很快。与民用电子器件相比，军用芯片在计算速度等指标上相对较弱。

(2) 发挥军工优势，反哺民用市场。如前所述，我国军工芯片的自主创新能力要领先于民用芯片。充分用好军工芯片技术的先发优势，缩短国防知识产权脱密、解密周期，简化脱密、解密流程，通过军工芯片技术突破转化民用，加速我国集成电路产业技术体系的形成，完善产业链，带动形成我国自主可控芯片的全产业链条和创新生态。

(3) 大力发展军民两用芯片。我国通过大力发展军民两用芯片技术，实现军民技术的相互促进和提升；通过发挥目前民品 IC 设计公司在 SoC 等领域的创新优势，推动民技军用；通过军用元器件自主可控的突破口，带动整个商用芯片行业的快速发展。

6. 智能化发展

随着芯片进入纳米时代以及后摩尔时代的来临，芯片制造创新和发展离不开新原理、新材料、新结构和新工艺等的突破。

1) 基于深度强化学习的芯片布局

2020 年 4 月，谷歌发表了"Chip Placement with Deep Reinforcement Learning"一文，提出了一种基于学习的芯片布局方法。与传统芯片布局方法不同，其具有从过去的经验中学习并随着时间的推移而不断改进的能力。特别是随着对更多的芯片块进行训练，基于学习的芯片布局方法在快速生成以前未曾见过的芯片块的优化布局方面表现良好。

2) 人工智能和算法芯片

人工智能系统需要快速处理大量数据。虽然通用芯片的性能已得到充分提高，并启动了新一代人工智能技术，但它们无法跟上人工智能系统需要处理呈指数级增长的数据量的需求。这就需要有特定算法设计的芯片来实现基于硬件的加速。当然，这种专门的加速芯片架构的设计需要更高的专业能力。

3) 物联网(IoT)

物联网所引发的海量实时数据正在推动对新的芯片架构、材料以及包括硅光子学在内的各领域的深入研究。越来越多的物联网设备将配备自己的微控制器和分析工具，以提高自身的稳定性。

4) 自动驾驶汽车

具有先进的驾驶员辅助系统功能的现代汽车就是轮子上的联网超级计算机，而实现 L5 级全自动汽车所需要的 80% 的创新都来自半导体行业。在接下来的几年中，主要原始设备制造商(OEM)之间将在设计方面展开激烈竞争。

5) 芯片安全

全球芯片制造已经迎来了新的挑战，新原理、新材料、新应用正在推进着先进制造技术的换代更新。我国通过 "02 专项" 在 12 英寸设备上实现突破，总体制程工艺水平达到 28 nm，在 90 nm 沉浸式光刻机、刻蚀机、物理气相沉积、离子注入机、化学机械抛光等制造装备上不断拓展，并积极向 14 nm 制程挺进，7 nm 介质刻蚀设备进入台积电全球 5 大供应商行列，移动智能终端芯片、5G 芯片、AI 芯片等设计达到国际先进水平，先进封测技术跻身国际一流水平行列，集成电路产业规模继续保持着高速增长。国家出台《新时期促进集成电路产业和软件产业高质量发展的若干政策》，给予制程小于 28 nm、经营期在 15 年以上的公司长达 10 年的免税优惠政策，以及 2 041 亿元的国家集成电路产业投资二期基金的注册成立，必将加快我国芯片制造追赶世界先进水平的历史进程。

(二) 高端工业软件

工业软件是高端电子装备制造中不可或缺的 "灵魂"，是制造业的核心要素。它是将工业制造中的设计与加工、技术工艺、加工流程、过程控制等长期积累形成的制造知识固化为工具和平台，以保证硬件得以充分发挥作用，实质上是 "人" 的知识、经验、方法在制造过程中的凝聚和结晶，其作用和意义十分重大。

1. 概念

广义上，应用在工业制造领域的软件即为工业软件。它主要指专门或主要用于工业生产领域，为提高工业企业研发、制造、生产、服务以及管理水平的软件。它可以有效提升产品价值，提高生产效率，降低成本，进而增强企业的核心竞争力。

工业软件依照功能和用途的不同可大致分为四类：产品研发类、生产管理类、生产控制类和协同集成类；也可以分为嵌入式软件和非嵌入式软件。嵌入式软件主要指嵌入在控制器、通信、传感器等装置中的采集、控制、通信软件等，非嵌入式软件指装在通用计算机或工业控制系统中的设计、仿真、分析、工艺、监控、管理等方面的软件。

高端工业软件主要指对外依赖度高、自主研制和工程化相对缺乏，被发达国家制约的研发设计软件、工业控制软件及生产管理软件。图 3-4 为高端工业软件的大致分类。

图 3-4 高端工业软件的大致分类

2. 地位意义

当前全球制造业面临新一轮科技与产业革命的变革，正处于一个传承转换、迭代更新的关键历史时期，美国、德国、日本等制造强国围绕先进制造业发展、工业 4.0、智能制造、人工智能等先后出台了一系列国家战略，以推进制造业转型升级。在这场制造业的转型升级进程中，软件特别是工业软件担当着重要的角色。

其一，制造智能化的基础是数字化、网络化，而数字化、网络化的背后是知识的软件固化，软件不只是工具，更是重要的平台，也是服务。工业软件的本质是工业制品，它不只是 IT 工具，是在工业化过程中长期积累的工业知识、经验与工艺技巧的结晶，是工业化不可缺少的伴生物。例如，工业互联网，究其本质就是软件平台化的广泛应用，是工业软件的集萃、知识体系的综合，而不只是传感网络。

其二，制造业创新驱动、转型升级，从硬件和软件的对比看，软件的作用更为重要。技术创新需要技术的知识化，要对传统制造技术予以提升；而技术的知识化，又落实在对软件工具的固化中，即工业软件的工具化。在数字化、网络化、智能化发展趋势下，工具化进而发展为平台化，即从工具到平台支撑的转移、升华，意味着将工业软件看作工具的时代已成为过去。例如，2019 年 2 月达索系统将历经 21 年的"Solid Works World"大会更名为"3D Experience World"，意味着过去的软件工具仅仅是平台的一个部分，而支撑平台的关键之处在于社区、协同，进而构建起覆盖面更为广阔的服务综合体。

其三，软件泛在而且无形。它对于工业制造而言，如同空气对于生命的意义，恰似滋养生命机体的各种有机养分，虽然平常看不见、摸不着，却无处不在，发挥着重要的主宰作用。它的影响与作用十分广泛，致使工具系统间的传统界限正逐步消失。例如，传统的机械设计分析与制造辅助软件 CAD/CAE/CAM，电子设计自动化软件 EDA，高频结构设计与三维电磁仿真软件 HIFSS，电子系统散热仿真分析软件 Flotherm、电子产品热分析软件 Icepak，以及结构设计软件 Ansys 等，均向着一体化的综合平台方向发展，成为综合性功能强大的设计制造平台。

其四，软件蕴含的生产力和资源价值与日俱增。在 20 世纪七八十年代，机械电气设计软件 CAD、CAE 与电子设计 EDA 软件旗鼓相当，前者还略占上风。之后，EDA 与芯片挂钩、与知识产权紧密联系，后来居上，如 Synopsys、CADENCE、Mentor 几乎主宰了芯片设计的整个市场。此外，以设计费用份额为例，从 65 nm 的 0.28 亿美元到 65 nm 的 5.4 亿美元，整整翻了 20 倍，而从 65 nm 再到 40 nm、28 nm，每进化一代，都有大约 50% 的代码要重写。芯片设计到达纳米级后，物理本质、现象、运算复杂度等都出现了新的挑战，其中，软件所发挥的作用巨大，即使是新的公式和模型，也需要软件才能真正发挥作用。

3. 发展

全球发达国家在工业化发展进程中，结合行业发展的实际，同步发展了工业软件，经过长期的积累、提升，在工业软件的开发、研制、工程化、市场推广、升级等方面开辟了良性循环的发展路径和模式，有力地支撑了工业化的不断升级，占据了高端工业软件特别是知识型工业软件的发展先机。鉴于工业设计研发工具、制造执行系统两类软件的高门槛和知识密集型特性，国际市场往往呈现出一家独大的形势，如美国、欧盟各国、日本等。在某一细分领域，龙头企业常常基于先发优势、黏性用户和成熟的产业链环境，建立起行业标准，大量占据市场。

1）美国

美国在这一领域处于绝对领先地位。近年来，美国政府再次强调高端制造业的复兴，尤其是软件开发工具的复兴。这里的"复兴"绝不是指美国在这一领域出现了落后的态势，而是指美国与其他国家的差距略有缩小，美国仍然处于绝对领先的地位。例如，仿真软件 NASTRAN，作为一款 CAE 软件，它俨然成为飞机设计仿真分析的标准软件，甚至设计方案没有通过这款软件分析计算过，便根本无法通过美国 FAA 的适航取证。又如，西屋电气太空核子实验室开发的

ANSYS，是一款大型通用有限元分析软件，是目前世界范围内增长最快的计算机辅助工程软件，能与多数 CAD 软件接口，实现数据共享交换。这款软件功能强大，操作简便，应用场景十分广泛。其他具有较明显领先地位的软件还包括麦道开发的 UG 软件等。

美国工业软件高速发展的最大引擎是美国高效的融合发展，上述软件的研发过程中不乏洛克希德·马丁公司、波音公司、NASA 等军工企业或航天巨头的身影。高效的融合发展不但能够减少高昂的软件开支，更大大提升了民用工业软件的质量和竞争力。美国最早开始 CAE 软件研制就是从 NASA 开始的，NASA 长期以来将数值计算、模拟仿真作为先进工业制造的必备工具和平台着力建设，围绕工业制造需求，已经通过各种方式向工业界转化了 5 000 多个软件项目，推动了工业制造的新发展；波音公司有 8 000 多种软件，其中 7 000 多种是自己开发的，在设计软件上具有独特优势；美国参数技术公司(PTC)在 CAD、CAE、CAM、PDM 等软件市场上占据着重要地位，研制出 PROE 等优秀产品；甲骨文(Oracle)在数据库工具及应用软件、电子商务软件上具有显著特色。美国工业软件的发展呈现出技术与产业并重、软件与工业融合的显著特征。

2) 欧盟

德国最大的工业软件公司是 SAP SE，这是一家引领德国工业 4.0 战略的公司，是全球最大的企业管理和协同化商务解决方案供应商，全世界 500 强中 80%的公司都是它的客户。著名的 SAP 软件便是这家公司的产品，它是 ERP 解决方案的先驱，并在这一领域排名世界第一。西门子自动化与驱动集团(Siemens A&D)是工业自动化和动力驱动领域的先驱，为工业制造和流程行业以及电子装配行业提供标准产品和系统解决方案，提供用于连接生产与管理优化流程的工业软件，在发动机、汽车行业软件服务方面占据重要地位。

法国达索公司是一家飞机制造商，也是世界主要军用飞机制造商之一，其生产的阵风战斗机在世界战斗机行列中都占有一席之地。在其长期的工业制造过程中，结合制造实际研发出的航空业设计工具软件 CATIA，在航空设计行业具有市场垄断地位，是根植于行业扎实的基础孕育出高端工业软件的发展典范，在融合发展上探索出了适合实际的发展路径。该公司的 CATIA 产品不断开拓国际市场，同时又在飞机设计、制造过程中，针对新需求、新标准不断自我完善，更新迭代，其生态系统的地位已然不可撼动，占据着全球飞机设计软件的顶端。我国的飞机制造、汽车制造、重机械制造等领域的众多企业，均采用这一软件，对外依赖度高。

3) 日本

日本的工业软件在嵌入式软件开发方面十分强大。机床、机器人和汽车，是日本嵌入式软件技术的三大载体。嵌入式软件设计领域最为广泛，市场份额占比也最大，日本在这一方面的领先，使其高精尖电子产品保持了几十年的强大竞争力。

纵观发达国家工业软件的发展历程，有以下三个显著特点：

(1) 工业软件与工业制造伴生而成。

工业软件是为工业制造提供工具和平台服务的，其本身发展离不开工业制造的实际需求和实践经验。世界制造强国在实现工业化道路的过程中，经过工业化的长期积累，将制造的知识、经验固化为软件，在设计仿真、数字模拟、自动控制、传感监控、定制服务、管理保障等方面形成了系统解决方案，从研制软件自身出发，结合工业制造实践，开辟了高端工业软件的创新发展之路。

(2) 技术研发与工程应用紧密耦合。

软件技术的研发，不仅需要软件专业的基础知识，更需要工业制造的实践积累，技术研发与工程应用要紧密结合。世界制造强国始终重视技术研发在工程实践、市场需求中的实际应用，高端工业软件的研制围绕行业企业的需求展开，在工业制造的一线需求中，不断固化和深化工业软件的性能、扩展其功能，实现软件工具的不断升级、软件平台的延伸发展。工程应用的积累为数据库、模型库的完善、健全提供了强大支持，使工业软件与工程应用紧密耦合、双向促进，达到了很好的融合。

(3) 国家战略与市场推广相互衔接。

工业软件的创新发展，不仅需要国家战略的顶层布局、大力推进，也需要企业自身的市场推广，二者之间应当紧密衔接、无缝对接。美国 NASA 在发展 CAE 之初，就是通过国家战略予以重点推进，之后又通过市场机制实现 CAE 软件的规模化发展，推向更加广阔的工业应用市场，取得了良好效益。高端工业软件需要国家战略推动与市场发展机制的双重作用、紧密衔接，同时，也需要积极探索融合发展的路径，主动开辟多元市场，才能够打破行业应用的限制，取得面向更宽、更广工业制造领域的延伸拓展，实现软件产业的做大做强。

4. 主要问题

我国工业制造的发展，在国际激烈竞争的大背景下，面临着高端制造"空心化""卡脖子"危机，如芯片、高档数控机床、高端精密测试仪器等，而软件特别是知识型工业软件，对外依赖也十分严重。例如，基础软件国产产品的国内市场占有率仅为 5%，其中操作系统约 4%、数据库约 6%；工业软件中的研发类 80% 以上依赖进口、50% 以上的生产控制类依赖进口；嵌入式、支撑软件，商业化云计算平台软件、测试软件，大多被国外厂商所垄断。纵观全球软件市场，微软、甲骨文、西门子、ABB、艾默生、亚马逊、霍尼韦尔、惠普、IBM 等制造强国的公司占据了市场主流。

我国在高端工业软件发展上存在的主要问题是：

(1) 高端工业软件依赖进口，存在"卡脖子"风险。

我国在电子、航空、机械行业中，高端核心设计工具软件如 CATIA、UG、ProE、AutoCAD 等均为进口，很多软件找不到国产可替代产品，不得不花费高昂的购买和授权维护费用。这些软件在使用中，常常需要进行二次开发，用户要付出很大的智力劳动，但当软件版本升级后又会"清零"，造成自主使用上的很多不利和被动。同时，国外软件公司通过教育培训、赠送方式培养了一大批的黏性用户，严重限制着自主软件的发展。

（2）自主软件市场推广困难，存在"工程化"难题。

我国很多科研单位也积极投入高端工业软件的研制，但仅作为项目完成，在取得初步成果之后，随着项目的结题而封存入库，缺乏"工程化"市场应用的进一步推广，因而在软件市场上缺乏持续的竞争力。例如，20世纪80年代后期，中国科学院开发的FEPG和飞箭软件，其最大的原创性是有限元语言，在当时的全球软件市场产生了强烈反响，甚至西方成熟企业都来到国内洽谈收购，之后于2000年开发出全球首套互联网有限元软件，2006年推出了FEPG的并行计算版本，然而却在工程化、市场化的应用上销声匿迹。又如，空气动力研究所的风雷软件、航空工业强度所的HAJIF、大连理工的SiPESC、华中科技大学的华铸CAE软件等，基本功能已经覆盖当时国外主流系统，然而，同样是因为缺乏持续的开发和运营，缺乏市场化的动力、资金和支撑机制，使国产工业软件的发展失去良好机遇。

（3）长远规划发展定力不足，存在"短周期"效应。

全球著名软件公司的历史均比较长久，与国家工业化步伐同频共振，在技术、资本、人才等方面积聚了实力，建立了良好的市场机制，增强了自我建设能力，企业的产品始终在市场上占据先机、占据高端，形成了良性循环。

工业软件的发展是一个系统工程，需要战略定力，应持续跟进、迭代更新，要有持久的人力、财力支持，同时研发的周期长、收益慢。我国历史性的扶持性政策有限，持续跟进不足，曾经错失发展良机，如国产CAD和CAE的发展。CAD从"六五"起步直到"九五"发展，在1991年掀起了"甩图板"的自主研发热潮，但之后销声匿迹；CAE从20世纪60年代到90年代，也逐步推进，但之后轻视成果转化和市场化推广，缺乏重点扶持、商业化运作，战略定力不足，未见发展。我国软件企业普遍规模较小，一些企业曾在历史上也有过开发工业软件先行成功的案例，如熊猫、开目等，但因为缺乏国家战略的持续支持，也缺乏行业领域的市场深耕，存在"短周期"效应，从而错失了发展良机，造成今天与发达国家软件企业之间巨大的实力差距。

5. 破解路径

1) 破解路径 —— 我国高端工业软件的自主发展

近年来,美国对中兴、福建晋华集团的禁运和断供,不仅在硬件上造成严重打击(禁运的不只是光刻机等硬件设备),工业软件也应声而停,我国高端工业软件自主发展的现实问题愈发凸显。

核心技术的掌握和工业软件的发展是一个整体。我国高端工业软件之所以被发达国家所垄断,从技术上讲,是制造的核心技术缺失,这是制约发展的瓶颈。没有核心技术,也就没有知识软件形成的基础和可能。因此,工业制造需要从核心技术率先实现自主创新上的突破,也要在工程化和市场推广上下大力气,扶持起国产高端工业软件的旗帜。显然,核心技术与工业软件,两者之间的关系是相互促进、共同提高,我国工业软件的发展就是要与工业制造的紧迫需求、自主创新的核心技术紧密关联起来,加强融通、汇聚,进而解决关键问题。

首先,工业软件从自主创新到产业市场的发展,必须克服工程化、规模化、平台化发展的制约,而规模化、平台化的关键则是好用、易用直至"傻瓜化"。从软件发展的架构上看,底层是专业知识积累固化的工业软件,上层是具有广泛市场需求的广大用户,而中间的联系纽带和桥梁,是基于 AI 的"傻瓜软件",目前处于空白状态,而这一部分的中间联系恰恰非常重要和关键。傻瓜软件的诞生主要源于科技的发展,软件制作变得越来越简单,软件技术变得越来越高超,软件的科技含量提高,操作似乎变简单了。因此,突破高端工业软件的"卡脖子"瓶颈,必须走技术创新、原型推广、市场发展一体化的路子。

其次,软件是一个长周期的工业制品,需要知识、经验、技术、工艺的长期积累与固化,需要保持持续发展的动力与定力,在系统化建设之后才可能获得好的回报,实现原型软件工程化、工具软件平台化、工业软件产业化,取得自主软件研发和产业化推广的新进展。例如,基础软件主要是公益性的,其投入应主要由国家支持;工业研发软件与市场需求比较贴近,可以先由国家投入启动,而后通过企业发展、市场投融资渠道等办法解决持久性问题。从工业软件本身看,最终能使之走向良性发展的运行机制必然是市场化,要赋予企业自主创新的动能和自我造血的机能。软件发展中的知识产权保护尤为重要,这是保障软件产业良性发展的根本所在。

最后,要从顶层设计、国家投入、技术突破、行业应用、市场发展、法规保障等多个方面入手,构建软件发展的科学、合理的生态环境,加强原型软件工程化,加快软件推广的规模化、市场化,通过"技术研发 — 工程化 — 市场推广 — 应用反馈 — 技术研发"的重复循环,构成软件螺旋式上升的发展模式,循序渐进地推动我国自主工业软件走上健康、科学、良性的发展道路。

2) 典型案例 —— 高端工业软件之 EDA

(1) 发展概况。

电子设计自动化(Electronic Design Automation,EDA)是指利用辅助设计软件来完成集成电路设计中的一系列工作,包括功能设计、布局、验证、仿真模拟等。在半导体领域,EDA 是用来设计芯片的一种软件,作为 IC 设计和电路板设计的上游、高端产业,在行业内被称为"电子工业之母"。

(2) 制造分析。

芯片设计的基本流程为:前端设计和仿真、后端设计及验证、后仿真、Signoff 检查、数据交付代工厂。根据设计流程和功能,EDA工具可以分为设计输入工具、综合工具、仿真工具、实现与优化工具、后端辅助工具、验证与调试工具和系统级设计环境七类。各个环节能用且好用的软件基本都是 Synopsys、Cadence、Mentor Graphics 等全球三巨头公司的产品。

(3) 关键技术。

EDA 技术在硬件实现方面融合了大规模集成电路制造技术、IC版图设计、ASIC 测试和封装以及 FPGA/CPLD 编程下载和自动测试等技术;在计算机辅助工程方面融合了计算机辅助设计(CAD)、计算机辅助制造(CAM)、计算机辅助测试(CAT)、计算机辅助工程(CAE)技术以及多种计算机语言的设计概念;而在现代电子学方面则容纳了更多的内容，如电子线路设计理论、数字信号处理技术、数字系统建模和优化技术等。

EDA 技术涉及面广，内容丰富，其中最关键的主要为以下三大块内容：大规模可编程逻辑器件(PLD)、硬件描述语言(VHDL、Verilog HDL)和软件开发工具。其中，可编程逻辑器件是能够实现某种逻辑功能的新型逻辑器件。现场可编程门阵列(FPGA)和复杂可编程逻辑器件(CPLD)的应用已十分广泛。国际上生产 FPGA/CPLD 的主流公司，且在国内占有较大市场份额的主要是 Xilinx、Altera、Lattice 三家公司。

(4) 存在的差距。

欧美国家为保护半导体技术，制订了一系列技术出口限制政策，对中资的海外并购也制订各项审查措施。根据芯谋研究估算数据，中国企业仅在分立器件、移动处理和基带、逻辑芯片三个领域分别实现了约 17%、12%、6% 的自给，其他领域仍然重度依赖进口。

就 EDA 而言，国内跟国外先进水平存在着巨大差距，"中兴事件""华为事件"，让中国半导体产业发展深受"卡脖子"之痛，也更凸显出国产 EDA 软件的短板。例如，在国内 180 nm / 350 nm 以上的部分老工艺线可以实现，但深亚微米级 130 nm / 90 nm 开始就需要得到正版授权才行，到了 22 nm 以下便几乎无法实现。

从技术上来看，国内差距主要表现在三方面：一是缺少数字芯片设计的核心工具模块，无法支撑数字芯片全流程设计；二是对先进工艺支撑不够，暂未进入先进代工厂的联盟；三是缺乏制造及测试 EDA 系统，无法支持集成电路封测的应用需求。

从供应商来看，全球的 EDA 软件几乎都被三巨头公司所垄断，而国内真正得到认可的只有华大九天，但主要是在模拟产品上。EDA 的垄断还体现在工艺厂的捆绑上。Synopsys、Cadence 能够免费提供设计多种基础 IP、各种规模的功能 IP 以扩充客户的 IP 库；在功能验证、物理验证环节，则有 Mentor 的一席之地。

此外，EDA 供应商还会给学校客户优惠价甚至免费，目的是培养用户习惯。而进入投产阶段后，工艺厂发给客户的 PDK 设计包自然也只能支持三巨头公司，其他的 EDA 替代品多在兼容性上下功夫，且无法提供平台化产品，加上兼容和原生，在时效及使用上都有很大差异。

(5) 智能化融合发展。

回顾计算机硬件和软件的发展历史，军工行业对大型工业软件的孵育和推进起到了决定性作用。芯片可以成为自主可控的突破口，而智能化的发展趋势将进一步推进高端工业软件如 EDA 的自主研发进程。

随着基于云的 EDA 工具扩展性、容错能力的增强，未来 RISC-V 指令集的迅速采用，AI 芯片研发、利用机器学习算法改进 IC 设计工具，以及 5G 的广泛推广应用，3D 封装的工艺推进，EDA 软件已经能够将芯片产业链连接起来共同应对创新发展，智能化趋势将使 EDA 的创新潜力进一步激发，市场需要重新规划整个芯片系统的设计制造，自主创新将迎来新的挑战和机遇。

6. 发展趋势

在人工智能、5G、物联网、大数据等新一代信息技术兴起之际，工业软件的发展也面临着新的问题与挑战。智能化、数字化、自动化、网络化正成为现代制造业的潮流，工业互联网、5G 建设方兴未艾，随着新技术、新环境、新需求的不断涌现，工业软件技术也呈现出新的发展趋势。

1) 日渐消失的传统界限

传统意义上，CAD、CAE、CAM 是装备制造的三个阶段，泾渭分明。然而，出于市场导向的考虑，如今的系统之间的传统界限正在弱化。不仅仅是 CAD、CAE、CAM 软件，甚至是电子设计自动化软件 EDA、制造执行系统 MES、人机界面 HMI 等，都在融合。其中以设计与仿真的融合尤为明显。达索公司近五年的并购，都是围绕仿真软件进行的，西门子也不乏收购全球工程多学科仿真软件供应商 CD-adapco、LMS、TASS 等行为，向行业拓展。为了应对 CAD 与 CAE 日渐一体化的趋势，不少公司开始考虑合作，以应对冲击。ANSYS 与 PTC 进行合作，联合开发"仿真驱动设计"的解决方案，为用户提供统一的设计与仿真环境，打破了两者之间的界限。

2) 越发智慧的机器系统

机器的自我发挥，可以称之为创成式设计。软件自动根据有限资源，进行分析与优化，并选择最佳方案。这在人工智能越发火热的今天，成为可能，也成为发展的趋势。欧特克的 Within 软件为空客设计的座椅吸引了大家的关注，一些奇形怪状的结构，让人对于机器是否能够更加智能变得更为乐观。

3) 基于模型的系统工程

为了应对传统的产品开发过程中出现的各种弊端，现代开发过程更加注重协同、集成、融合、系统。一种三维数字化设计制造和一体化集成体系得到迅速发展，新的产品设计语言随即出现，这就是 MBD 技术，也就是基于模型的产品数字化定义。它是在产品 3D 模型中描述与产品相关的所有设计信息、工艺信息、产品属性以及管理信息的先进数字化定义方法，按照模型方式进行组织管理、显示、传递和重用，为车间无纸化提供了解决方案，并使设计工作更贴近现实。

4) 持续不断的发布订阅

如今工业软件的销售方式，正在从一次性买断变为持续不断的订阅模式。这意味着软件商会对软件进行持续不断的维护与升级。对于软件供应商来说，他们的收入变得稳定，客户黏性提高，使他们在国际市场上占据绝对性的优势。在互联网日益普及的当下，这一销售方式变得更加合理，也更加势不可挡。而这一方式，会给国内的研究机构提出更大的挑战，目前中国正凭借着特有的市场体制进行着勉强的防御，但是值得考虑的是，这样的防御会降低软件服务的被认可程度。事实上，只有发挥长期的软件服务价值，才能更大程度上利用国产软件的本土优势、适配优势，提高自主软件的生存空间。因此，订阅的销售方式，既是一个威胁，也必将成为国内软件商的巨大机会。

5) 不单单是工具，更是平台

单一的软件工具，在现在的工业装备市场中，将不再重要，而一站式、集成化、从设计到制造的全生命周期平台将变得更加有吸引力。

制造即服务，是这一理念的核心，这意味着，企业要更加做好成为"全能型"选手的准备。必须承认，这样的变化将进一步拉大国内外产品的差距，因为我们的单一软件尚不成熟，而国外已将社交协作与设计、仿真、制造进行了全面结合。

6) 云和物联网的应用

基于云的发布订阅，正越发成为更多软件安装的选择，在线服务甚至可以在浏览器中直接运行，而无须安装到本地，这大大提高了产品的使用效率。工业云的进一步普及，也使数据交换、链接、共享变得更为简单。物联网的发展，意味着工厂内的设备被连为一体，甚至连接产品与工厂外的"人"都成为可能，不少软件供应商已经开始了新的尝试。

(三) 先进雷达

雷达是典型的高端电子装备，从其诞生起到性能、地位、作用的不断发展强大，在探测、感知、信息获取、目标识别等方面具有重要的侦察、监视、跟踪、测量、预警、引导、制导、勘测、遥感、诊断等综合功能，是军事防务、国民经济、安全生产、社会生活等诸多领域应用广泛、种类众多的整机电子装备，在融合发展方面具有十分重要的两用特征。先进雷达的制造也代表了国家在自主核心技术、关键元器件、工业软件、制造工艺与技术等方面的综合实力。

我国的先进雷达制造，经历了从仿制到自行研制、自主创新、逐步发展壮大的过程，逐渐缩小了与世界一流制造强国之间的差距，并在一些方向上达到国际领先水平，在一些重要领域中实现了自主可控。随着集成电路、计算机、天线技术的飞速发展，雷达制造的新理论、新概念、新体系得到不断更新，元器件、零部件、制造装备、制造工艺等也在不断发展，数字化、网络化、智能化制造模式蓬勃兴起，为先进雷达制造在提升性能、提高质量、降低能耗、降低成本上提供了更加有力的支持，雷达融合发展的市场化也得到不断拓展和延伸。未来发展高性能、多功能、智能化将成为雷达制造的前沿趋势，需要通过融合发展，解决共性技术共享、行业标准规范建立、制造工艺差距弥补、市场应用融合推广等障碍和壁垒，大力推进我国制造雷达的质量和水平不断迈上新的台阶。

1. 发展概况

雷达诞生于二战期间，其前期的理论和实验基础主要基于麦克斯韦的电磁场理论和马可尼的实验等，到 1937 年英国研发部署了"本土链"雷达，用于搜索飞机、开展空中防御等军事用途，从此雷达真正登上世界军事装备发展的历史舞台，在二战中发挥了重要作用。

雷达的工作原理，简单说就是利用电磁波探测目标，即无线电探测和测距。其所探测目标的信息维度：一是测距，就是测量发射脉冲与回波脉冲之间的时间差，换算成雷达与目标的精确距离；二是测量目标高度，通过测量目标仰角，根据仰角和距离计算出目标高度；三是测速，就是雷达根据自身和目标之间相对运动产生频率的多普勒效应，从中提取出雷达与目标之间的距离变化率、检测和跟踪目标。另外，雷达还可以根据目标回波判断出目标的类别、型号，即具有目标分类识别能力。雷达主要用于探测三类军用目标：一是武器平台类目标(巡航导弹、反辐射导弹、激光制导炸弹、隐身飞机、战斗机、轰炸机、武装直升机、无人机等)，二是情报侦察与电子对抗类目标(预警机、电子战飞机、侦察通信卫星等)，三是远距离地面及海面类目标(海上舰队、地面军事设施、导弹发射场、后勤基地等)。此外，雷达在气象预测、地质勘探、环境监测、民航指挥、船舶航行、陆地交通、安全反恐、国土巡查等国民经济诸多领域也具有重要作用，是典型的军民两用电子装备。

现代先进雷达的重点发展方向：提升对低可观测目标、高机动目标、低空远距离目标、空间目标的探测能力；具备目标精细信息获取和成像识别能力；此外，在复杂电磁环境下保持雷达优异的探测性能。

雷达的分类多种多样，在军事防务、国民经济中的应用已经十分广泛，渗透在军事、生产、生活的方方面面。表 3-2 为雷达的大致分类。

表 3-2　雷达的大致分类

分类依据	具 体 内 容
体制	相参或非相参雷达、单脉冲雷达、脉冲压缩雷达、机械扫描雷达、频率扫描雷达、相控阵雷达、数字阵列雷达、二坐标和三坐标雷达、MIMO(多输入多输出)雷达……
用途	预警雷达、目标指示雷达、火控制导雷达、炮位侦校雷达、测高雷达、监视雷达、无线电测高雷达、气象雷达、航空管制雷达、导航雷达及防撞以及敌我识别雷达……
使用平台	地面雷达、舰载雷达、机载雷达、星载雷达……
信号处理方式	显示雷达、脉冲多普勒(PD)雷达、频率分集雷达、极化分集雷达、合成孔径雷达……
天线波束扫描方式	机械扫描雷达、电扫描雷达……
工作频段	短波雷达、米波雷达、分米波雷达、微波雷达、毫米亚毫米波雷达、太赫兹雷达……

　　纵观雷达的发展历史，从战争需求开始，在军事应用上率先得到推广。雷达的设计与制造，从单脉冲角度跟踪、脉冲多普勒信号处理到合成孔径和脉冲压缩的高分辨率、结合敌我识别的组合系统、结合计算机的自动火控系统、地形回避和地形跟随、无源或有源的相位阵列、频率捷变、多目标探测与跟踪，新体制、新概念不断出现，其原理、体制、技术不断被发明、创造、更新、积累，在军事用途上也产生了更为细致的种类划分，如先进的有源/无源相控阵雷达、超视距雷达、监视雷达、精密跟踪雷达、制导雷达、火控雷达、激光雷达、气象雷达、遥感测绘雷达、航管雷达、汽车雷达等。同时，雷达也在不同的载体上得到了更为广泛的应用和延伸，如天基雷达、地基雷达、机载雷达、无人机雷达、舰载雷达等。雷达成为国防军事建设探测、感知领域不可缺少的高端电子装备。

　　雷达卓越的探测、感知功能在民用领域也得到了广泛的推广应用，如气象预报上的风廓线雷达、多普勒天气雷达，航空领域的航管一次/二次雷达、场面监视雷达，以及用于探测大气质量、农作物监测、地质灾害预报、国土资源普查、生态环境监测、地理遥感测绘、安全防卫、汽车自动驾驶等领域的民用雷达，具有十分广阔的应用领域和潜力空间，在国民经济、生产生活的方方面面都发挥着十分重要的作用，是融合发展高端电子装备的一个典型案例。

2. 制造技术

雷达主要包括发射机、发射天线、接收机、接收天线、处理部分以及显示器、数据录取、抗干扰等辅助设备。现代先进雷达的制造，与不断发展更迭的集成电路、计算机技术、软件技术、天线技术以及新材料、新装备、新工艺等息息相关，制造性能的主要指标则集中在探测与感知的距离、方位、速度、动态跟踪、反隐身、高分辨率成像、抗干扰以及运行的可靠性、耐用性、环境适应性等诸多方面。先进的雷达制造技术是提高雷达性能、提升探测水平的根本保障，主要集中在系统设计、集成电路制造、计算能力、功率器件、信号处理技术、目标识别技术、信息对抗技术、T/R 组件制造、共形天线制造等方面，也与微波光子、太赫兹技术、量子技术等前沿技术的推进紧密相关。表 3-3 为先进雷达制造的主要具体技术。

表3-3　先进雷达制造的主要具体技术

主要技术	主要内容
电气互联与先进连接技术	电气互联主要研究解决芯片级以上(不包含芯片制造)的电子系统制导技术，包括各类收发/功分等微波组件、高性能信号处理系统以及雷达分机/整机系统的电气装配互联。先进连接技术则主要指精密焊接、精密铆接、集成装配以及导电连接、绝缘灌封和防护等
精密加工成型	精密加工成型技术主要应用于天馈部件、收发组件以及旋转关节、高精度微波功能薄壁件、曲面件等复杂零部件的制造
复合材料及表面工程	复合材料及表面工程主要研究内容是以 Si/SiC 颗粒、碳纤维、金刚石等材料增强性能优越的铝基复合材料的制备，以及加工技术、表面改性技术、焊接技术等
热管理技术	热管理技术能有效解决功率密度越来越大的高密度电子器件或组件的热管理及可靠性问题，且这种技术为降低器件工作温度、改善器件热性能所必不可少
数字化制造技术	数字化制造技术主要包括面向制造过程的数字化设计、仿真、加工工艺技术等内容，在提升设计能力和水平、推进加工过程数字化、优化工艺参数、缩短产品研制周期等方面，能起到显著作用

发达国家的雷达制造以武器装备性能提升、需求应用为指导，

在先进雷达制造发展上取得了领先成果。例如，美国 1938 年研制出第一部火控雷达 SCR-268，1943 年研制成大功率磁控管诞生微波雷达，利用 20 世纪末在数字电路、计算机、软件等方面的信息技术领先优势，不断探索各种军用雷达的新体制、新技术、新应用的更新与提升，产生了"爱国者"系列、"宙斯盾"系列雷达系统以及大量先进的地基、天基、海基、预警机、无人机等雷达系统。俄罗斯也在先进雷达制造上加强系统设计能力、提升综合技术水平，产生了 C-300 系列、C-400 系列、"道尔"系列、"里夫"系列雷达系统。此外，还有法国"响尾蛇"系统、德国"Roland"系统、瑞典"爱立眼"系统、以色列"费尔康"系统等先进的雷达装备及系统。先进制造技术为雷达性能的提升提供了有力支持。

先进技术对雷达的民用发展也同样重要。例如，美国、英国、俄罗斯的超视距雷达，在天波超视距、地波超视距、大气波导超视距上的进展，使雷达的探测距离和范围不断提升，不仅能够用于战时对飞机、舰船等探测预警，也可用于日常海洋船只目标监测、毒品走私侦缉、海洋参数测量、海面水流和波浪信息采集、低空飞机和海面冰山等目标的探测感知，具有典型的军民两用特征。又如，美国在光电技术上的优势，使之在激光雷达发展上占据先机，1975 年研制成功"火池"激光雷达，后来不断改进，主要用于火箭发射、战略导弹预警等任务执行；此后，先进的激光雷达在城市规划、资源调查、灾害管理、工程设计、环境监测、医学诊断和智能机器人等领域得到大量应用，用途十分广泛；而 NASA 下属公司曾在 20 世纪初将 600～1 200 km 星载激光雷达对地自由空间通信技术转化为民用产品，开发了 5 km 以内激光通信链产品，取得了产业化的重大进展。如今，美欧在激光雷达方面的技术优势，进一步应用于自动驾驶、智能机器人所使用的先进雷达制造，具有巨大的市场潜力和发展前景。

3. 主要问题

1）全球最新发展趋势

当前全球军用雷达的发展，随着高新技术武器性能的不断升级，技术与装备的竞争日趋激烈。以美国为代表的制造强国在军用雷达系统的研发制造上，仍然占有明显优势，其在战略预警、反导预警、太空监视以及天基、舰载、机载雷达装备的研制上，始终走在前列。

美国发展新一代防空预警雷达装备，研制新型多功能雷达以代替传统多部雷达；发布《导弹防御评估报告》，提出天基防御、助推段拦截等新概念，开展系统性反导能力评估、洲际导弹拦截试验，从体系构建迈向实战验证；开展太空态势感知，军民结合以加快研发新型太空监视装备，增强对太空重要目标的精密跟踪、特性测量能力。美国具体开始研制的先进雷达有夏威夷国土防御雷达(HDR-H)、太平洋防御雷达(HDR-P)、远程识别雷达(LRDR)、低空防空反导雷达(LTAMDS)、P-8A 海上巡逻机全视域记载雷达、软件定义雷达(SDRadar)等。

美国舰载雷达的发展，呈现出系统作战能力、多功能一体化、分布式网络化、自适应智能化的综合发展特征，在防空、反舰、反潜功能基础上，扩展了反导等功能，以信息高速传输为枢纽，构建空海一体的信息融合处理、共享体系，形成分布式、网络化、协同式的探测体系，在航母编队、海基反导、抗干扰等方面不断提升综合探测和反应能力。

欧洲国家在高轨卫星雷达、高分辨率宽幅卫星雷达等方面开展研制工作，加强新体制天基雷达的探测感知能力建设，不仅可增强太空对地、对空的监视、预警、成像，而且可发挥探测范围大、探测时间长、全天时、全天候、受到地球曲率等限制小的优点，在防灾减灾、海洋监测、地理测绘等民用领域开展融合发展的相关科研工作。欧洲国家具体的先进雷达装备有英国反无人机雷达、德国军民两用的新型无源雷达和 TRS-3D 舰载雷达、欧盟导弹预警系统 —— 天基战区监视及时预警与拦截系统(TWISTER)。

俄罗斯着力研制基于 Tu-214 基础上的新一代大型预警机，发展集中式大平台预警；研制高空巡航、长航时、装备功能强大雷达的无人传感飞机，雷达发展也体现出分布式系统探测的综合功能特征；部署反隐身雷达，加强全天时低空空域的探测监视；部署超视距雷达，增强全向雷达预警覆盖范围；进一步加快反导预警系统的建设部署，以不断提升国防战略预警的覆盖能力。

此外，以色列研制的新一代多传感器多任务雷达(MS-MMR)，采用先进的 4D 有源电扫描阵列(AESA)技术，提高了复杂背景下有源、无源空中综合态势(ASP)探测能力。加拿大新型无人侦察机配备先进的高分辨率合成孔径雷达(SAR)。

2) 我国当前的主要问题

我国先进军用雷达制造的发展，从中华人民共和国成立初期的仿制开始，受到发达国家的技术和武器装备禁运限制，在自主研制上不断探索。随着我国信息技术产业和工业制造实力与水平的提升，先进雷达制造在防空预警、反导预警、太空监视以及天基、舰载、机载雷达装备的研制上，从跟跑到并跑，不断缩小了与发达国家的差距，甚至在部分雷达装备研制上(如数字阵列、低波段反隐身)，处于国际领先水平，并且在认知雷达、精细化处理等方面不断探索新的方向，积极开拓着我国军用雷达技术研制和装备制造的新领域。

在全球民用雷达市场上，美国、欧盟各国、日本等发达国家以技术及先进制造技术为优势，取得了产业化应用的先机，航管雷达、汽车雷达、气象雷达、遥感雷达等取得了较快的发展，较早地占据了全球市场，在技术成熟度和装备制造上积累了丰富的经验，雷达装备的可靠性、耐用性、适应性特征突出，成为融合发展的典型示范，在当前汽车自动驾驶、智能机器人、人工智能技术广泛推进应用的发展趋势下，优势更为突出。

我国民用雷达产业起步晚、底子薄，在集成电路、雷达信号处理、整机制造技术等方面与发达国家有一定差距，在核心元器件、关键零部件乃至制造工艺上仍存在明显的不足与短板，特别是在航管雷达、汽车雷达等高可靠性、精密制造等方面，具体的制造技术和制造工艺达不到国际一流水准，造成雷达装备在性能、功能上的一些不足之处。例如，民用雷达自主开发一直未做大做强，航管一次雷达研制成功并应用，但其他场面监视雷达、二次雷达及动物迁飞探测雷达仍需加强研制；汽车雷达中应用广泛的毫米波雷达，仍被美国、德国等国外主要企业占据市场大部分份额，国内尚处于培育发展期。此外，民用雷达的工程化、市场化，受到国外先进雷达装备的竞争挤压、国际标准的规范限制，生存空间也不容乐观，急需通过融合发展解决制约发展的瓶颈问题，推进民用雷达产业快速发展。

总的来看，我国先进雷达制造，在军用装备上具有一定的自主优势和特色，但依然受到集成电路、计算机、软件等信息技术与产业创新发展的瓶颈制约，在系统设计能力、新体制原理、前沿方向探索等方面仍需坚持不懈、自主自强，突破技术创新与实际制造的关键问题，并需要在与战略预警体系、武器平台及载体、探测与作战指挥系统等紧密融合的过程中，发挥感知、智能、智慧的重要作用，成为我国现代军事装备中具有超强探测与感知的"千里眼""顺风耳"，为国防建设的现代化、信息化、智能化提供重大支撑。我国民用雷达装备制造，在气象雷达、遥感探测、安防雷达等市场上，自主制造的装备占据了一定的份额，但在航管雷达、船舶雷达以及汽车雷达等具有可靠性要求高、技术指标优、成本造价低、体积能耗小以及受到一定国际标准制约的领域，仍然被发达国家的主流产品所占据，我国先进雷达制造的"军转民""民参军"以及"融合发展"仍有诸多问题。

这些问题主要聚焦为：先进军用雷达与民用雷达的制造，体系上各自封闭，互相之间欠融合；军用先进技术的民用转化推广受限，缺乏一定的政策、举措及市场要素的支持，"军转民"在新原理新体制转化应用、工程化实践、企业量产、市场推广中仍然存在很多空白，发展潜力空间较大；民用制造中的成熟技术、先进工艺、管理经验、市场支撑等要素，在"民参军"的途径、渠道上仍有一些障碍和壁垒，导致主动性和积极性不高，而能够真正与军用标准实现无缝对接与提升，也还存在许多不足和差距；雷达制造的融合发展，需要认真学习借鉴先进经验，结合我国实际，剖析深层原因，提出破解方法。

4. 先进雷达的发展趋势

我国先进雷达的制造，在现有基础上，将进一步向一体化平台、高度综合集成、高性能多功能方向不断发展，必须攻克数字阵列、轻薄天线阵列、柔性天线阵列、智能蒙皮等关键技术。未来的机载雷达、舰载雷达、飞艇、卫星雷达等将与武器装备融为一体，以达到更好的气动结构设计性能，雷达天线的共形技术将得到新发展。硬件发展将向数字化方向不断迈进，射频前端的宽带化、数字化呈现"数字前移"，通过灵活的数字化集成，实现雷达阵面的按需重构，从而支持其多功能一体化的具体实现。软件发展将以开放式、标准化、通用型为主，采取面向应用的研发模式，实现功能软件的定义、扩展与重构，缩短研制周期、降低开发成本、提高性能功能、实现便捷维护等，需要攻克实时信号处理、通用计算等关键技术。

此外，新体制雷达的设计制造，将与探测系统能力强、功能综合多样、信号处理更加智能、体积小、平台化的实际需求相适应，在认知雷达、分布式系统探测、目标综合识别、复杂环境抗干扰等方面不断突破，并在量子技术的应用上开辟量子雷达研制的前沿研究等。

同时，应用场景非常广泛的激光雷达，用于测绘、导航、目标探测、环境探测、成分探测等融合发展的多个领域，特别是随着自动驾驶、智能机器人、人工智能的推进，在调频连续波(FMCW)、光学相控阵(OPA)等技术研究领域渐成热点，多功能、智能化成为激光雷达的发展趋势。我国在短脉冲激光雷达技术的多谱段目标探测、大视场范围目标提取中取得显著进展，研制成功机载二氧化碳测量激光雷达、多通道海洋激光雷达、Ku 波段昆虫探测雷达样机，使我国激光雷达的融合发展取得新的进展，将为推进先进雷达制造做出重要贡献。

(四) 高性能计算机

1. 概况介绍

高性能计算机(High Performance Computer，HPC)泛指为满足大规

模科学计算或商业计算需求而开发的计算机,其体系结构和软件算法都不同于普通计算机。1964 年,有"超算之父"之称的 Seymour Cray 研制的 CDC 6600 问世,并安装到美国 Livermore 和 Los Alamos 国家实验室,开启了高性能计算技术和产业 60 年的持续发展与繁荣。高性能计算机的演变路线可简单地分为两个阶段:Cray 时代和多计算机时代(见表 3-4)。

表 3-4   高性能计算机演变路线

阶段	第一阶段:Cray 时代	第二阶段:多计算机时代
特征	单一共享内存	基于高速互联的多计算机
时间	1964—1993 年	1993 年至今
代表性系统	CDC6600/7600、Cray 系列、NEC SX、"银河"、757、KJ8920、"曙光一号"	Cosmic Cube、CM5、ASCI Red、IBM RoadRunner、"曙光"1000-7000、"神威""天河"
主要技术挑战	硬件体系结构、处理器并行、访存延迟和带宽、多线程	系统互联、多计算机操作系统、并行编程
编程模型	Fortran	MPI

1) Cray 时代

从 20 世纪 60~90 年代初期的 30 年被称为"Cray 时代"。以单一内存向量机的技术革新为主导,Cray 定义和引领了前 30 年的高性能计算市场。第一个 30 年研制以"顶天"为主,仅服务于国家战略部门。

2) 多计算机时代

从 20 世纪 90 年代迄今的后 30 年被称为"多计算机时代"。由于微处理器的出现,以及大量工业标准硬件的普及,以大规模互联多个通用乃至商用的计算部件的可扩展系统结构的技术创新主导了迄今为止的高性能计算发展。

多机时代的高性能计算又可细分为五代:第一代,并行向量机

—— PVP；第二代，对称多处理机 —— SMP；第三代，大规模并行处理机 —— MPP；第四代，分布式共享存储多处理机 —— DSM；第五代，机群 —— Cluster。

其中，"第一代""第二代"和"第四代"由于其体系结构的局限性，很难扩展到更高更大的运算规模，而"第三代"和"第五代"正是由于采用了分布式内存处理(DMP)的体系结构，将许多的小型"冯·诺依曼机"用高速的网络连接起来，所以可以达到空前的扩展能力，从而实现大规模的并行计算。

"第五代"的机群式高性能计算机的基础是网络，与目前大家都非常熟悉的因特网技术不同，系统内联网络主要在运算节点间传递数据，对于通用的并行计算而言，任何两个运算节点之间最好要求平等地保证全对分、全双工、全带宽、无阻碍的特点，以确保运算负载的均衡，避免消息传递时的等待与浪费。同时考虑到经济有效性、易管理性，目前的系统内联网络基本上都采用"胖树"拓扑结构，采用小型交换机来形成更大的内联交换系统。从理论上讲，这个"胖树"可以无限制地扩展下去，你可以用这个结构形成任意大小的机群式高性能计算机，达到无穷大的运算性能。

然而实际上，"第三代"与"第五代"的 DMP 机群结构的扩展能力也并不是无限的，即便我们不考虑其经济有效性，高节点数所带来的系统在运行维护上的复杂性和高出错率，都会使这样的大型高性能计算机系统丧失它的可行性和实用性。

美国的 Jack Dongarra 教授等于 1993 年发起了全球超级计算机排名 TOP500，其成为高性能计算机发展的风向标。世界上浮点运算速度最快的机器从 1988 年的 2 GFLOPS 增长到 2020 年 6 月份的 415.5 PFLOPS，提高了千亿倍。不久的将来，E 级计算系统将实现百亿亿次级，人工智能、大数据已经成为高性能计算应用新的增长点，融合计算是超算未来的趋势。总之，高性能计算机被视为世界各国竞相争夺的科技战略制高点，是国之重器。表 3-5 为美国、日本、欧盟 E 级高性能计算机研制计划。

表 3-5　美国、日本、欧盟 E 级高性能计算机研制计划

序号	计划/系统名称	制造商	部署时间
1	美国 ECP 计划 Aurora A21	Cray & Intel	2021 年
2	美国 ECP 计划 Frontier	Cray & AMD	2021 年
3	美国 ECP 计划 EI-Captain	未定	2023 年
4	美国 ECP 计划 NERSC-10	未定	2024 年
5	日本 HPCI 计划 Post-K	Fujitsu	2021 — 2022 年
6	欧盟 Mont-Blanc 2020 计划	Atos & Bull	2021 — 2022 年

2. 制造分析

中国在高性能计算机研制方面，大致可分为打破封锁(1956 — 1995 年)、打破垄断(1996 — 2015 年)和引领创新(2016 年至今)三个阶段(见表 3-6)。

表 3-6　中国高性能计算机发展历程

阶　　段	打破封锁	打破垄断	引领创新
对应时间段	1956 — 1995 年	1996 — 2015 年	2016 年至今
中国	103、109 丙、757、"银河""曙光一号""曙光 1000" 等	曙光机群系列、"神威""天河"	高通量计算、智能超算
美国	ENIAC、IBM7090、CDC、Cray	IBM、HP、SGI	IBM
与国际领先水平的差距(以年计)	10～15 年	5 年	0

第一阶段是我国在国外封锁的条件下,研制专门的高性能计算机为"两弹一星"等国家重大战略需求提供支撑。研制机器主要应用在国防军事领域,以及传统科学计算领域,这一阶段的研制采取"全部采用国产器材,依靠自己的技术力量"的技术路线,研制周期较长,研制成果基本无法商品化和产业化。

第二阶段主要是打破国外高性能计算机品牌对国内市场的垄断地位,迫使对方降价并实现更大范围的应用推广。例如,曙光机群高

性能计算机的问世和较强竞争力的形成，迫使国外品牌纷纷采取"跳楼价"，IBM的平均折扣甚至高达94%，且通过建设国际超算中心，这一阶段的高性能计算机拥有了更多的非军事用户，我国科研单位、大学基本实现了高性能计算机的普及。

第三阶段是国外对我国高性能处理器、高性能加速器、高性能互联芯片等核心部件进行"卡脖子"，同时在加速发展颠覆性架构与核心技术的环境下，我国科技人员开始自主研制高性能处理器和加速器，用自己的核心部件构建世界上最快的计算机。

从2022年11月公布的中国HPC TOP100数据(见表3-7)中看，以国家并行计算机工程技术研究中心、国防科大为代表的国内科研力量是我国高性能计算机的主要研制单位，也占据了绝大部分市场份额。我国高性能计算机TOP100已经全部为国产品牌(实际上，从2018年开始，国外常见的系统已经全部退出TOP100榜单)，应用领域与部署机构也更加商业化和市场化，我国高性能计算机的研制已经具备良性循环机制。但值得注意的是，高性能计算机产品竞争力的提升在一定程度上要依赖于产业链整体的发展和提升，在产业链上的部分环节，国产厂商还处于发展阶段，很多关键技术我们尚未全面掌握，容易受国际贸易摩擦影响，仍然需要大规模的研发投入和研发环境建设。

我国应持续突破计算机芯片核心技术，培育安全可控的产业生态环境，重点要加强计算机芯片设计、制造、封测、应用各环节关键技术的研发与突破，在国内形成计算机芯片产业闭环及均衡发展；还要加快产学研融合系统引育速度，加快计算机芯片高端创新型人才的培育；同时，还要加大超算、云计算机等研发的持续投入，完善高性能计算生态环境，加速高性能计算机中的国产化替换趋势，加大研发投入，快速补齐应用短板，重点支撑软硬件协同发展，优化国内高性能计算研发应用的产业生态。

表 3-7　2022 中国 HPC TOP100 前 10 系统

序号	研制厂商/单位	型号	安装地点	安装年份	应用领域	CPU核数	Linpack (Tflops)	峰值 (Tflops)	效率 %
1	服务器供应商	网络公司主机系统，CPU+GPU异构众核处理器	网络公司	2021	算力服务	285 000	125 040	240 000	52.1
2	国家并行计算机工程技术研究中心	神威·太湖之光，40960*Sunway SW26010 260C 1.45 GHz,自主网络	国家超级计算无锡中心	2016	超算中心	10 649 600	93 015	125 436	74.2
3	服务器供应商	网络公司主机系统，CPU+GPU异构众核处理器	网络公司	2021	算力服务	190 000	87 040	160 000	51.2
4	国防科大	"天河二号"升级系统(Tianhe-2A)，TH-IVB-MTX Cluster+35584*Intel Xeon E5-2692v2 12C 2.2GHz+35584*Matrix-2000, TH Express-2	国家超级计算广州中心	2017	超算中心	427 008	61 445	100 679	61
5	服务器供应商	网络公司主机系统，CPU+GPU异构众核处理器	网络公司	2021	算力服务	120 000	55 880	110 000	50.8

续表

序号	研制厂商/单位	型　号	安装地点	安装年份	应用领域	CPU核数	Linpack(Tflops)	峰值(Tflops)	效率%
6	服务器供应商	超算中心主机系统，992*SW26010Pro 异构众核 390C 控制核心 2.1 GHz 从核 225 GHz，Sunway Network	超算中心	2021	科学计算	38 688	12 569	13 913	90.3
7	北龙超云/Intel	北京超级云计算中心 T6 分区，5360*Intel Xeon Platinum 9242 同构众核 48C 2.300 GHz，EDR	北京超级云计算中心	2021	算力服务	257 280	10 837	18 935	57.2
8	服务器供应商	网络公司主机系统，CPU 处理器	网络公司	2021	算力服务	192 640	9 540	16 644	57.3
9	服务器供应商	网络公司主机系统，CPU 处理器	网络公司	2021	算力服务	179 200	9 120	15 482	58.9
10	北龙超云/DELL	北京超级云计算中心 A6 分区，6000*AMD EPYC 7452 32C 2.350 GHz，EDR	北京超级云计算中心	2021	算力服务	192 000	4 044	7 219	56

3. 关键技术

下面介绍高性能计算机领域的主要技术。

1) 高性能计算机处理器及加速器技术

高性能计算机核心算力依赖处理器和加速器件。近年来,我国持续加强对国产处理器及加速器件的研发投入,形成了 X86、ARM、MIPS、RISC-V 等多种芯片架构同步发展的良好格局,也拥有了龙芯、飞腾、海光、兆芯、申威等国产 CPU,还有寒武纪、阿里巴巴、华为等陆续推出的多款 AI 专用计算芯片。国产 FPGA 也取得重要进展,上海复旦微电子、紫光同创等均有国产 FPGA 问世。但我国在关键技术领域也存在诸多问题:核心技术和产业高端人才稀缺,中高端芯片封测依赖国外代工,且国内企业整体体量较小,尚未形成良好的盈利模式,市场化竞争力较弱。

2) 存储技术

从系统层面看,存储系统的性能瓶颈正从后端磁盘向处理器和网络方向转移,软硬件集合成为系统优化的必由之路,AI 技术赋能存储系统也成为可能。我国在存储领域与国际学术界、工业界的差距在不断缩小,部分技术已经处于世界一流水平,如长江存储 64 层 3D NAND 芯片量产、长江存储 128 层 3D NAND 研发成功。但我们的芯片制造仍是短板,EDA 软件、光刻机、材料等均受制于人。

3) 可重构计算技术

可重构计算技术指在软件的控制下,利用系统中的可重用资源(如可重构逻辑器件),根据应用的需要重新构造一个新的计算平台,达到或接近只有专用集成电路(ASIC)才具备的高性能。该技术结合了通用处理器和专用集成电路两者的优点,能够提供硬件级的效率和软件的可编程性。

4) 高性能计算机操作技术

高性能计算机操作技术建立在节点操作系统之上,整合了高性能计算集群中最基本的系统软件包,实现对集群资源的配置、管理、调度、控制和监视等功能。该技术主要包括集群监控技术、告警及预警技术、集群部署技术、资源管理技术、作业管理技术等。

5) 高速互联技术

高速互联技术对高性能计算机节点进行大规模、高带宽、低延迟的高速互联。

6) 绿色计算技术

绿色计算技术指对高性能计算机的架构、硬件、软件、基础设施等进行优化设计，以提升计算效率，降低电能消耗，实现绿色环保的技术。

7) 刀片服务器技术

刀片服务器技术采用了高密度、模块化、全冗余、可扩展的架构设计，涉及高速信号布线、高速交换、刀片集群硬件管理等多项关键技术。

与此同时，新技术应用也在不断促进高性能计算机发展升级，非传统结构计算机进入攻坚和应用的快速起步期。受传统冯·诺依曼体系结构、集成电路制造工艺等因素制约，传统计算机发展速度逐渐趋缓，人们一直致力于研究量子计算机、生物计算机、光计算机、超导计算机等各类非传统计算机系统。其中量子计算机持续呈现蓬勃发展态势，进入攻坚和应用的快速起步期，迎来了新一轮的蓬勃发展和技术突破；互联网模式加速了开源软件的发展，使得基础软件开发生态得到进一步完善；新型器件技术、人工智能技术等的发展也为存储系统的发展提供了高性能和智能化的发展新趋势。

4. 存在的差距

从高性能计算机的体系与构成方面分析，共享内存(SMP)、分布式共享内存(DSM)、大规模并行处理(MPP)等多种体系架构百花争艳的时代已经过去，分布式集群计算系统(Cluster)成为当前高性能计算机的绝对主流，基于自主众核高性能处理器并采用专有架构的神威·太湖之光系统更接近于传统的 MPP 架构，受限在集群架构上并无优势。处理器方面(2019 年 11 月数据)，除神威·太湖之光采用国产申威处理器以及国防科技大学采用国产 Matrix 2000 加速卡外，其余系统均采用了 Intel Xeon 系列处理器。专用加速计算部件方面，除去国防科技大学天河二号升级系统采用了 Matrix 2000 作为加速部件外，2019 年有 24 套系统采用 NVIDIA Tesla GPU 或 Intel Xeon Phi 等进行性能加速。系统互联网络方面，万兆以太网已经成为高性能计算系统的绝对主流互联网络，其中 10GbE 和 25GbE 占据多数。可以看出，无论是处理器、加速器件还是高速互联网络器件，目前国外器件还是主流，随着中美贸易摩擦加剧，已经对我国高性能计算机的生产造成影响。

与此同时，高性能计算在持续构建 E 级系统以及后摩尔时代的超算系统设计方面，我国与国外处于同一水平线，是很好的突破机会。在可持续构建 E 级系统方面，高性能计算正处于向 E 级迈进的时代，中美两国都相继宣布了 E 级超级计算机的研制计划。尽管突破 E 级计算关口的相关技术路线基本明确，但如何构建可持续的 E 级超算系统，技术路线尚不明确。在未来新型器件真正成熟之前，最大的挑战是如何在高性能计算机体系结构和系统技术上进行创新，以应对整个系统的部件复杂度和能耗难以承受的问题。

在后摩尔定律时代的超算系统方面，随着集成电路的发展进入后摩尔时代，器件特征尺寸已趋于物理极限，当前器件的原理和结构已经难以满足未来 Z 级乃至更高性能 Y 级超级计算机的要求。如何利用新型器件是构建后 E 级时代超算系统的首要挑战，包括基于光学计算原理和超导计算原理的新型器件、基于硅光技术的新型互联和量子计算机等。

我国高性能计算在 2018 年重点专项支持下研制成功三台原型机之后，处于相对平静的发展阶段。随着全球态势不断变化，中美贸易摩擦不断加深，智能化迅猛发展，计算安全问题不断演化升级，对高性能计算提出更高要求。我们应重点突破芯片设计制造、网络互联等高性能计算关键核心技术，加强国家高性能计算环境的建设，提升高性能计算服务水平和质量，加快高性能计算高端人才培养，不断优化完善高性能计算产业链生态，增强高性能计算的国际竞争力。

5. 融合发展

融合发展协同创新是实现国防建设与经济发展协调发展、提高自主创新能力的重要途径。高性能超级计算机是国防领域重要的战略性装备，也是民用领域具有广泛用途的重要设备，是世界主要国家竞相发展的重要高科技利器。我国超级计算机已经实现了世界领先，而且在推进地方经济建设、服务民用需求方面取得了显著成功，成为融合发展协同创新的典范。

以"天河"系列高性能计算机为例，其研制之初就确定了"政产学研用"的融合发展协同创新之路。"天河"系列高性能计算机的研发和应用有效对接了国家项目和产业应用，实现了军地优势互补、资源共享，因此协同创新各方，从政府部门、科研院所、生产厂家到终端用户都通力合作，密切配合。表3-8为"天河"系列高性能计算机融合发展协同创新的参与方。

表3-8 "天河"系列高性能计算机融合发展协同创新的参与方

参与方	性 质	作 用	行为动力
科技部	立项支持者	出台政策、提供资金	完成项目，提升国家科技实力
国防科技大学	研制单位	技术攻关	完成科研突破，提高学校影响力
地方政府	合作单位	提供资金支持、优化外部环境、完善支撑服务体系	建设产业基地，推动地区发展
国家超算中心	共建单位	技术应用平台	实现自身发展，推动地区产业升级
企业群	终端用户	提供市场需求	发展盈利

"天河"系列高性能计算机的研制成功，为我国高性能计算机融合发展、创新发展提供了宝贵的经验：国家为主导、以需求为导向的课题设施和配套的政策措施、资金项目，是重大科技项目研发的前提；产业基地的构建融合了学校和企业，沟通了军队和地方，是创新互联、信息共享的重要平台；人才队伍的建设是不断攻克科技难题，把握世

界科技前沿的关键；高性能两用技术的研发是融合发展协同发展的桥梁；研用结合是科研方和使用方深度互动、对技术升级持续更新的重要保障。

6. 智能化发展

高性能计算机为以深度学习为代表的人工智能研究与应用提供了强大的算力支持，人工智能技术从体系结构到传统数据计算等多方面影响着高性能计算的发展。目前，主流高性能计算机均适应机器学习应用特点，支持多精度浮点运算和整数运算，使人工智能应用的性能得到极大提升，同时国际高性能计算机性能评测标准中也增加了面向人工智能的基准测试 HPL-AI。高性能计算和人工智能将会长久地相互应用、相互促进、融合发展。

高性能计算机朝着智能化方向发展，让计算机能够模拟人类的智力活动，如学习、感知、理解、判断、推理等能力，具备理解自然语言、声音、文字和图像的能力，具有说话的能力，使人机能够用自然语言直接对话。它可以利用已有的和不断学习到的知识，进行思维、联想、推理，并得出结论，能解决复杂问题，具有汇集记忆、检索有关知识的能力。IBM、Intel、牛津大学、明斯特大学、海德堡大学、清华大学等企业和研究机构均围绕智能化计算研发了相关的芯片、系统、软件和算法，展示了智能化高性能计算机巨大的发展潜力和应用前景。

(五) 卫星导航系统

1. 概况介绍

全球卫星导航系统(Global Navigation Satellite System，GNSS)是一个能在地球表面或近地空间的任何地点为用户提供 24 小时、三维坐标和速度以及时间信息服务的空基无线电定位系统，包括一个或多个卫星星座及其支持特定工作所需的增强系统。一个独立自主的全球卫星导航系统在提供时间与空间基准、智能化手段以及所有与位置相关的实时动态信息等方面发挥了关键性作用，对于一个国家的国防、军事、经济发展以及公共安全与服务具有深远的意义，是现代化大国地位、国家综合国力及国际竞争优势的重要标志。

全球卫星导航系统国际委员会(International Committee on Global Navigation Satellite Systems，ICG)公布的全球四大卫星导航系统供应商，包括美国的全球定位系统(Global Positioning System，GPS)、俄罗斯的格洛纳斯卫星导航系统(Global Navigation Satellite System，GLONASS)、欧盟的伽利略卫星导航系统(Galileo Satellite Navigation system，Galileo)和中国的北斗卫星导航系统(BeiDou Navigation Satellite System，BDS)。其中：GPS 是世界上第一个建立并用于导航定位的全球系统，GLONASS 经历快速复苏后已成为全球第二大卫星导航系统，二者目前正处于现代化的更新进程中；Galileo 是第一个完全民用的卫星导航系统，正在试验阶段；BDS 于 2020 年 7 月 31 日上午正式开通。

1) GPS

GPS 是美国 20 世纪 70 年代末开始建设的第二代卫星导航系统，1994 年开始运营并提供服务。目前 GPS 已是星座构成最完善、定位精度最稳定、应用最广泛并呈现市场垄断的卫星导航系统。

GPS 的空间卫星结构由 24 颗工作卫星及备份卫星构成，GPS 的导航卫星均为中圆地球轨道(Medium Earth Orbit，MEO)卫星，平均分布在 6 个轨道面。2011 年 7 月美国完成卫星星座扩展，对 3 颗卫星重新定位、3 颗卫星位置调整，从而实现 24 + 3 的理想卫星星座构型，覆盖范围增大，卫星可用性增强。GPS 系统中的 24 颗卫星只是为了进行全球定位而需要的最小卫星的数量，多出来的那几颗卫星，一方面是用来作备份的，防止某些卫星失效而让地球上某些区域的导航出现故障，另一方面这些卫星还可以增加卫星定位的精度。

GPS 地面段包括 1 个主控站、1 个备用主控站、12 个地面天线和 16 个监测站。主控站位于哥伦比亚施里弗空军基地，备用主控站位于范登堡基地，地面天线包括 4 个 GPS 地面天线和 7 个空军卫星控制网远程追踪天线(Air Force Satellite Control Network，

AFSCN)，监测站包括 6 个空军监测站和 10 个美国国家地理空间情报局(The National Geospatial-Intelligence Agency，NGA)监测站。GPS在硬件升级的同时地面控制系统也进行了升级建设,建立了全新的地面控制段体系结构,增加了新导航信号的监测和 GPS-III 卫星新增特性的管理和控制等。

2) GLONASS

GLONASS 是苏联在 1976 年开始建设的项目,1996 年 1 月 18日正式建成,但 GLONASS 在 20 世纪 90 年代后期经历俄罗斯的经济动荡后，从 2003 年开始进入全面升级和发展阶段,并于 2011年年底实现全球覆盖。

GLONASS 系统空间卫星组成为 24 颗 MEO 卫星，平均分布在3 个轨道面上。基于 GLONASS 网站数据(截至 2021 年 5 月)，GLONASS 星座在轨 27 颗卫星,其中 23 颗卫星处于正常工作状态,1 颗处于维修状态,1 颗处于飞行测试阶段,同时还有 2 颗在轨备份卫星。GLONASS 星座的备份卫星位于同一个轨道面上,且都停止播发导航信号,处于冷备份状态。当星座中的工作卫星发生故障时,才启动备份卫星。2022 年 4 月 22 日,《俄罗斯报》报道称,俄罗斯国家航天公司将于当日向俄交通部和联邦航空运输署提供利用GLONASS 导航系统替代 GPS 系统的技术方案。

3) Galileo

Galileo 是欧盟正在建立的世界上第一个具有一定商业性质的完全民用的卫星导航系统,2003 年开始实施,经历短暂的缓慢发展后,正以高速的发展趋势进入国际 GNSS 领域。目前 Galileo 在轨验证(In-Orbit Verification，IOV)卫星有 4 颗。2013 年 3 月 12 日 Galileo 首次实现了用户定位,成为 Galileo 建设的里程碑。2014 年 2 月 Galileo完成了在轨验证任务。Galileo 能有效运行,且工作状态良好。作为现有国际卫星辅助搜救组织卫星的组成部分, Galileo 可以为 77%的救援位置提供 2 000 m 以内的定位精度， 为 95%的救援位置提供 5 000 m 以内的定位精度。目前, Galileo 的伪距单点定位精度平均可达到水平方向 5 m、垂直方向 10 m，平均授时精度达 10 ns。

在轨测试工作完成后，Galileo 的建设工作继续推进，主要是发射卫星完成星座部署和进一步部署卫星地面站。2014 年 6 颗卫星分 3 次搭乘联盟号火箭发射升空，加入现有的 Galileo 卫星星座，并于当年底开始提供初始服务。2014 年 8 月 22 日欧盟发射两颗 Galileo 全面运行能力卫星，2014 年 8 月 25 日欧盟官网宣布两颗卫星未进入预定轨道，但位于德国达姆斯塔的控制中心已成功控制卫星并研究如何使其在卫星网络中发挥作用，阿丽亚娜航天公司称运载火箭飞行中出现异常导致未进入预定轨道。2017 年 12 月 12 日，4 颗 Galileo 导航卫星(编号为 IOV19～22 号)由阿丽亚娜-5 火箭在法属圭亚那航天发射场发射入轨。此次发射任务使 Galileo 拥有了 26 颗卫星，即 4 颗 IOV 卫星、18 颗 FOC 卫星。其中 15 颗卫星可用来提供服务，1 颗卫星电源故障，两颗卫星未进入预定轨道。2018 年 7 月 25 日欧盟再次发射 4 颗卫星。

2019 年 7 月 14 日，受与地面基础设施相关的技术问题影响，伽利略系统的初始导航和计时服务暂时中断。2019 年 8 月 18 日，伽利略卫星定位系统修复完毕，定位和导航服务已经恢复正常。系统服务中心称技术故障出现在伽利略系统的两个地面控制中心，它们负责计算时间和预测轨道，用于计算导航信息。至于确切的根本原因，将专门成立一个独立调查委员会进行彻底调查。欧洲专家认为仍处"初始服务"阶段的伽利略系统出故障在情理之中，不用大惊小怪，也无须过度解读。

2021 年，据斯洛文尼亚通讯社 1 月 12 日布鲁塞尔报道，在 1 月 12 日举行的第 13 届欧洲太空会议上，欧盟专员蒂埃里·布雷顿 (Thierry Breton)表示，欧盟希望在比原计划提前的 2024 年发射新一代欧洲伽利略卫星。欧洲理事会主席查尔斯·米歇尔(Charles Michel)强调，要想在世界上更强大，欧盟就必须在太空上更强大。卫星导航系统被认为是欧盟的关键空间计划之一。伽利略卫星导航系统最终将从 26 颗卫星增加到 30 颗，可以替代美国 GPS 系统、俄罗斯的 GLONASS

系统和中国的北斗卫星导航系统,并且有望在这一领域为欧盟提供具有战略意义的自主权。12月5日,根据俄罗斯联邦航天局 Roscosmos 的消息,当日上午8时19分,俄罗斯成功在位于南美洲的法属圭亚那航天中心发射联盟-ST-B 火箭,将两颗伽利略导航卫星送入太空。

2023年1月27日,欧空局在第15届欧洲太空会议上宣布,经过工程师在 ESTEC 技术中心几个月的测试,由28颗卫星组成的伽利略全球导航卫星系统,其高精度定位服务(HAS)已启用,水平和垂直导航精度分别可达到20厘米和40厘米。这也代表着欧洲的伽利略系统(包括28颗卫星和一个全球地面系统)已经成为世界上最精确的卫星导航服务系统,目前已经服务于全球超过30亿用户。

4) BDS

BDS 是中国正在实施的自主发展、独立运行的全球卫星导航系统。系统建设目标是:建成独立自主、开放兼容、技术先进、稳定可靠的覆盖全球的北斗卫星导航系统,促进卫星导航产业链形成,形成完善的国家卫星导航应用产业支撑、推广和保障体系,推动卫星导航在国民经济社会各行业的广泛应用。图3-5为北斗卫星导航系统发展的时间轴。

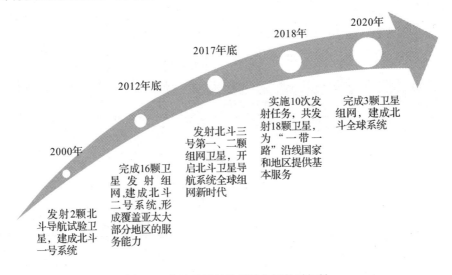

图 3-5 北斗卫星导航系统发展的时间轴

2012 年 12 月，北斗二号系统建成并提供服务，这是北斗系统发展的新起点。2015 年 3 月，首颗北斗三号系统试验卫星发射。2017 年 11 月，北斗三号系统首批两颗中圆地球轨道卫星在轨完成部署，北斗系统全球组网按下快进键。2018 年 12 月，19 颗卫星基本星座完成部署。2020 年 6 月，由 24 颗中圆地球轨道卫星、3 颗地球静止轨道卫星和 3 颗倾斜地球同步轨道卫星组成的完整星座完成部署。2020 年 7 月，北斗三号系统正式开通全球服务，"中国的北斗"真正成为"世界的北斗"。

2. 技术对比分析

卫星导航系统都包括空间卫星星座，卫星星座的结构直接影响地面可视卫星数。目前 GLONASS、Galileo 和 BDS 都采用 3 轨道，GPS 采用 6 轨道，3 轨道卫星几何分布优于 6 轨道，并且简化了星座组网的维持和配置。而 GPS 发展研究报告建议，GPS-III 全部运行后构建 33 颗 MEO 和 GEO 卫星相结合的 GPS 混合型星座。BDS 系统采用 MEO 和 IGSO 以及 GEO 相结合的混合星座结构，能更好地提高用户的定位精度，提高系统的稳定性和可用性。

卫星发射的信号决定了导航定位的方式和精度。BDS、GPS 和 Galileo 都采用码分多址的方式，BDS 卫星全部具有 3 频信号；GPS 目前只有 12 颗 GPS-IIF 卫星具有 3 频信号，其余 25 颗卫星仅发射双频信号。每颗 GLONASS 卫星都在 L 波段上发射两个载波信号 L1 和 L2，民用码仅调制在 L1 上，而军用码在(L1 和 L2)双频上，GLONASS 采用频分多址(FDMA)区分卫星信号。采用固定的频率可以通过差分技术削弱大气延迟的影响，简化观测方程的未知参数，降低定位算法的复杂度和提高定位精度，有利于不同系统间的互操作和组合定位。

当前，GPS 的全球实时单点定位精度粗码为 5~10 m，精码为 1~2 m，一般的民用接收机开阔区域可获得优于 5 m 的定位精度，加密导航信号达到了分米级；BDS 只具备了亚太区域定位服务能力，部分地区服务性能优于 10 m，如在北京、郑州、西安、乌鲁木齐等地区，定位精度可达 7 m，低纬度地区定位精度为 5 m 左右；GLONASS

的全球定位精度从 35 m 提高到了约为 5 m。随着地面站的建设和卫星轨道精度的提高，全球范围的定位精度有望进一步提高。

3. GPS/BDS 高精度定位比较

GNSS 以其独特的优势成为测绘行业中最主要的定位方式之一，满足测绘行业中不同精度、作业方式和实时性的要求，但目前测绘应用中仍依赖 GPS。随着 BDS 的快速发展，其与 GPS 同样都具有固定的频率和采用码分多址，因此二者定位原理相同。表 3-9 为 GPS 和 BDS 测绘中高精度定位的比较分析结果，主要包括伪距差分 (Differential GPS，DGPS)、静态基线、精密单点定位(Precise Point Positioning，PPP)和实时动态定位(Real-Time Kinematic，RTK)以及网络 RTK。从表 3-9 可以看出，目前 GPS 和 BDS 定位精度达到了相同效果。在表 3-9 中，N 表示北方向；E 表示东方向；U 表示天方向。

表 3-9 GPS 和 BDS 定位精度的比较分析结果

定位系统	各方向定位精度														
	DGPS/m			静态基线/cm			PPP/cm			RTK/cm			网络 RTK/cm		
	N	E	U	N	E	U	N	E	U	N	E	U	N	E	U
GPS	0.26	0.25	0.37	0.38	0.09	0.06	0.82	0.73	1.62	1.43	0.85	2.01	1.26	1.32	2.78
BDS	0.33	0.31	0.52	0.73	1.14	0.43	0.96	0.83	2.32	1.45	0.87	1.98	1.71	1.65	3.45
GPS/BDS	0.20	0.18	0.26	0.44	0.14	0.45				0.89	0.78	1.83	1.22	1.13	3.23

4. 我国卫星导航融合发展

北斗卫星导航系统是军民两用系统，应该成为融合发展的典型范例和试验田。作为中国的全球卫星导航系统，北斗系统总计发射了 55 颗卫星，虽然耗时 20 多年才实现全球覆盖，但从民用和军用来说对于中国意义重大，北斗卫星系统的建设可谓是利国利民。民用方面北斗卫星系统有能力和美国 GPS 争夺全球导航市场。目前已知的是，北斗卫星系统提供民用服务，面向全球则是主要是提供定位导航、全球短报文通信和国家救援三种服务，在亚太地区和中国境内则提供星基增强、地基增强、精密单点定位和区域短报文通信四种服务。北斗卫星的精度非常高，能将定位误差缩小到 2～3 m。

北斗在军用方面则使解放军一举摆脱对美国 GPS 的依赖，从而具有高度精准定位的打击能力。北斗在军事上对于解放军的帮助非常重要，在未来的军事行动中有了北斗这套类似"空中鹰眼"的神器助力，未来不论是对地面作战部队的强化、海军军舰潜艇的导航、导弹与战机的定位，还是联合作战的指挥体系，都能发挥所谓"战力倍增器"的功效。北斗系统的强大能力将会让解放军在下一个十年发展期，具备数字化战场指管、全域共同图像、大规模防区打击等作战能力，甚至完全可以达到美军同等甚至是超越的作战水平。

当前我国北斗系统已经完成全球组网，融合发展应用推广虽取得了很大成绩，但相较于美国 GPS 系统 40 多年的建设和应用发展经验，北斗产业尚处于初期发展阶段，市场占有率和国际竞争力仍差距明显。北斗导航产业链分类如表 3-10 所示。通过融合发展，我国可以有效打破部门和行业壁垒，统筹相关资源，为北斗应用实现跨越发展创造良好的环境条件，从而推动产业实现健康可持续发展。

表 3-10　北斗导航产业链分类

上游	北斗导航天线	中海达、四创电子、盛路通信
	北斗终端芯片	国腾电子、北斗星通、海格通信、华力创通、盈方微
	板卡	四创电子、合众思社、同洲电子
	导航地图	四维图新、超图软件、华测导航
中游	北斗导航终端产品	中国卫星、启明信息、同洲电子、耐威科技、欧比特、烽火电子、达华智能
下游	北斗导航运营服务	振兴科技、数字政通、大唐电信、银江股份、杰赛科技

(六) 其他系统及装备

高端电子装备制造中，既有硬件的"卡脖子"问题，也有系统及嵌入式装备、仪器仪表乃至行业应用中的短板与不足，我国在不同程度上存在一定的对外依赖，在融合发展方面，也存在一些需深入打通的壁垒障碍和紧密衔接的共性问题。

1. 智能制造系统

制造智能化不仅要具备硬件的支持,更需要智能系统、智能装备、制造母机等体系的支撑,而高端电子装备智能制造的广义概念,应当以智能制造系统为重点,构架硬件、软件、系统等一体化的制造体系。课题组对航天科工集团复杂产品智能制造系统技术国家重点实验室、大连光洋科技集团、苏州博众集团进行了调研,重点了解智能制造系统、装备及融合发展的实际情况。

1) 航天科工集团复杂产品智能制造系统技术国家重点实验室

(1) 实验室概况。

航天科工集团复杂产品智能制造系统技术国家重点实验室针对航天系统及重点行业,开展复杂产品制造的设计和制造上的数字化、网络化、智能化关键理论及技术研究,主要围绕智能制造系统基础理论、智能虚拟样机、智慧云制造、智能生产线系统等四个方向开展研究工作。

该国家重点实验室近年来取得的主要成果有:提出了智慧云制造的技术理念及架构,在总体技术、云设计、云生产与装备技术、云仿真与实验技术等研究方面获得创新突破,构建了复杂产品虚拟样机全生命周期的智能建模和验证体系,研制云端系统服务技术以及适应多品种、变批量的复杂产品柔性智能集成装配生产线技术,产生了 COSIM-复杂产品虚拟样机工程解决方案、JoSim-试验训练联合仿真支撑平台、CISE-基于组件一体化仿真建模环境、基于航天云网的 INDICS 核心服务平台,在航天复杂产品仿真模拟建设上做出了探索和贡献。

(2) 主要建议。

我国高端装备制造及电子装备的复杂设计仿真模拟,是实现高端制造的前提,智能制造系统的构建,对于复杂产品的设计制造十分关键。该国家重点实验室的相关成果,在航天领域具有广泛的应用,对于其他高端装备制造业也具有重要作用,需要通过融合发展的途径,着力打通外部市场和民品市场，不仅提高军品制造的配套能力，而且拓展培育民品制造的市场能力，以自主创新为抓手，把实验室在芯片、T/R 组件、数据库、航天计算等方面的自主创新成果广泛推广应用到工业制造的重点行业，取得更大的经济效益和社会效益。

2) 大连光洋科技集团

(1) 集团概况。

大连光洋科技集团主要致力于高端数控机床的研制和智能化生产系统完整解决方案的研发，主要产品包括高端数控系统、精密伺服驱动及电机、各类五轴数控机床、工业机器人、数控功能部件、传感器等，是国家"02 专项"支持开展国产高端数控机床研制任务的重点企业。

近年来，该集团针对高端数控机床严重对外依赖的难题，坚持不懈地攻克国产数控机床在数控系统、功能部件、集成技术、伺服驱动、解决方案等方面的短板与不足，切实提升了高端数控机床国产化性能和功能，为国产智能制造装备发展探索了路径，在自主替代方面做出了重要贡献。

(2) 主要建议。

在推进制造智能化、提升智能装备国产化方面，自主可控是企业要奋力达到的目标，企业应着力形成完整的产业链，攻克关键技术难题，以需求、市场为导向，依靠高端拔尖人才、跨学科复合型人才来解决自主创新的难题。

3) 苏州博众集团

(1) 集团概况。

苏州博众集团以工业制造的治具起家，主要从事自动化设备、自动化柔性生产线、自动化关键零部件以及工装夹(治)具以及数字化工厂的整体解决方案等，业务涵盖了消费电子、新能源、汽车、家电、日化等行业，制造过程中所使用的高端装备及核心部件，对外依赖度依然较高，国产化率仅达 10%，在一定程度上影响到自主可控，在制造的质量和水平上与世界一流水平仍有一定差距。

（2）主要建议。

民营企业的"民参军"存在很多障碍和壁垒：首先，军品科研的保密性，使军品需求方向和共性技术等信息得不到公开发布渠道，体系相对封闭；其次，民营企业产品"参军"的范围有限，军用通用装备及3级、4级以上配套产品面向民口开放有限；最后，军工产品性能指标要求高于民品，民营企业参与军品研制门槛较高，而其定制化、小批量、变品种和采购定型列装等因素复杂且周期较长，均对"民参军"产生一定影响。因此，建议应当适度扩大开放渠道、适当降低入门门槛，推进"民参军"的战略进程。

2. 信息指挥系统

信息指挥系统不仅在军事指挥上有着重大应用，在国民经济的诸多领域如交通、应急、航空等领域也发挥着重要作用，其自主可控在融合发展上具有很大的发展前景和市场潜力。下面以二十八所为例，介绍信息指挥系统的发展概况及主要建议。

（1）二十八所概况。

二十八所是中国电子科技集团信息系统总体设计、软件开发和系统综合集成应用的研究单位，主要开展军民用信息系统的顶层设计及总体论证、军事指挥系统和民用信息系统研制生产、共性技术及应用软件设计开发、系统设计制造与装备集成、装备联试与集成验证等业务，在我国陆、海、空、火箭军、战略支援部队等各军兵种的信息指挥系统研制上创造了许多第一，在航空运输管理、城市智能交通、应急指挥通信、机动式装备集成、软件与信息服务等民用信息系统建设领域做出了积极贡献，形成了以军贸、民贸、技术引进、国际合作为核心的一体化经营体系。

近年来，该所主要围绕智能制造的军民需求，不断更新升级信息系统的研发版本，以数字化、网络化、智能化方向为引领，调整成立新的创新研究中心、总体论证与设计中心、系统研发中心、共性产品中心、装备制造中心、集成试验中心等，提升系统研发的云化、虚拟化和精细化、智能化水平，通过智能制造推进信息系统构建的创新能力。

(2) 主要建议。

首先，面向智能制造建立基于成熟度评估的研发管理提升机制，牵引研发管理体系持续改进、自我提升；其次，构建军用、民用一体化系统研发平台，打造出业界领先的"系统工程版"工业互联网，通过科研活动实现全贯通，促进科研管理与技术活动一体化；最后，通过科研资源全云化，最大化提升资源价值和使用效率，将智能制造模式与融合发展有机结合，实现企业发展的快速提升，进一步增强自主创新能力。

3. 仪器仪表

高端仪器仪表是电子装备制造性能检测过程中的重要保障，我国在高端仪器仪表研制上与发达国家相比有较大差距，自主可控急需在检测装备上解决国产化占有率较低的问题。下面以四十一所为例介绍仪器仪表的研制情况。

四十一所主要开展微波/毫米波、光电、通信等电子测量仪器及自动测试系统、微波/毫米波部件、接插件、继电器等产品的研制，为电子元器件、整机与系统研制提供检测、计量手段。在研制生产制造中，该所通过实施 MES 系统、DNC 分布式数控系统、仪器与元器件智能制造数字化生产线等模式，有效地提升了智能制造的水平，加强了仪器仪表的自主创新制造能力建设。但该所在制造工艺能力、信息化手段、数字化和机构化工艺等方面与国外相比，仍有较大差距。仪器仪表体量虽然不大，但对于国民经济以及高端电子装备自主制造却意义重大，近年来市场上仍被国外主要企业占据，我国自主创新的力度急需加大。

三、深度融合的瓶颈

(1) 核心技术与产业发展存在短板。

高端电子装备属于典型的技术密集型、资产密集型产业，需要长期的科研攻关和巨额的资金投入，而我国企业自改革开放以来，发展时间仅 40 多年，且企业规模普遍偏小，技术积累不多，抗风险能力较弱，难以承担需超前长期投入的项目。随着新一轮科技革命的兴起，全球科技创新呈现出新的发展态势和特征，传统意义上的基础研究、技术开发和技术应用边界日益模糊，科技发展呈现出交叉融合态势。截至 2021 年年底，全国高新技术企业数量从十多年前的 4.9 万家增加到 2021 年的 33 万家，研发投入占全国企业投入的 70%，上交税额由 2012 年的 0.8 万亿增加到 2021 年的 2.3 万亿。在上海证交所科创板、北京证交所上市的企业中，高新技术企业占比超过 90%。

(2) 管理体制落后。

一个企业必须要有适应市场竞争要求的、独立自主的、适合企业自身特点的研发体系、生产流程和科学的管理制度，而目前我国众多电子装备研发单位恰恰欠缺这一点。因此我们必须按照市场经济的要求，建立现代企业制度和科学管理体系，构建产品研发、生产管理体系，这样才能更加适应市场经济的发展规律。高端电子装备的研发装配进度、性能技术指标、科研生产能力涉及国家安全，其研发、生产、使用的全过程必然需要绝对安全可靠的保障。

(3) 人才支撑与文化氛围欠缺。

人才机制的不灵活使国有企业不能合理、充分地利用好既有的人力资源。大多数企业基本没有一套完整实用的人力资源管理机制和办法，一直使用原有的不适应时代的培养、激励人才的旧办法，在落后的管理办法下，人才是依照行政命令而不是按照各种特长和生产需要流动，缺乏竞争意识。这会出现无能力的人有可能占据了岗位，有水平的人不一定能施展才华的现象。这种现象使企业人员无竞争压力，无创新动力，企业不能有效地挖掘人才潜力。

国有企业为了激励人才也采取了一些激励政策，但基本只是在经济待遇方面改善。由于企业总体经营管理不善，因此在人才培训、人才去留、人才提拔方面激励政策也无法与之相适应。与其他行业相比，军工企业的经济待遇偏低。人们经常把自己获得的报酬与他人进行比较，以此来评价自己是否对目前的待遇感到满意，而不是只看绝对值。所以不健全的考评制度会影响激励的效果。

例如，课题组在天水华天电子集团和天光半导体有限责任公司调研期间，发现企业对融合发展的重视程度存在不足，研究氛围和投入精力不够。在完善和发扬自身企业文化的同时，企业应全力宣传贯彻产业融合发展的必然趋势，让员工积极投身到融合发展的机遇中，绑定个人与企业、企业与国家的层层情感，提升自豪感、荣誉感，为融合发展事业贡献更多力量。此外，受地域所限，研发薪资待遇在激烈的市场竞争、人才竞争中存在劣势，势必会增加技术人员的流失率；同时，高端人才无法被吸引到企业扎根成长，是目前制约产业融合发展的一大难题。

(4) 制造基础薄弱，技术积累不足。

高端电子装备必须经受住各种极端恶劣环境的考验，如高热、极寒、沙尘、盐碱等自然气象条件和大冲击、高震动、复杂电磁环境等人为因素条件。在历史上，由于高端电子装备科研生产环节的质量问题而造成的总体装备型号的研制失败或造成巨大经济损失、人员伤亡的案例不胜枚举。

高端电子装备研发周期、装备周期长，一款新型装备的论证、研制、生产、使用、退役周期往往长数十年，且时常会根据实际情况进行延寿使用。如此长时期的使用周期中，其应急保障必然离不开承研单位的密切配合和大力支持，而一旦承担装备核心关键部分研制任务的企业停工、破产、倒闭且没有单位能有效承继其技术、产业，就很容易造成整个高端电子装备的失效，造成整个电子装备系统的崩溃，造成不可估量的损失。

例如，以陕西电子信息集团为代表的制造企业长期以来得到的国家技改投入力度有限，企业自筹资金进行技术改造背负了较重的负担，产线仪器设备老化，基础材料、元器件等领域的科研生产能力与高端产品的发展需求存在较大差距。此外，企业受原有开发的思维惯性影响，对成本控制、节能降耗等方面要求相对较低，导致开发出的产品与市场同类型产品相比缺乏竞争力。

又如，中电科仪器仪表有限公司的主要基础差距在于：

① 制造工艺能力差距：自动化、智能化程度低，自动加工、自动装配、自动测试仪器设备占比少，手工操作占比太大，制造工艺体系的稳定性不够，时常受人为因素发生波动，影响产品质量和进度。

② 信息化、智能制造能力差距：国外和国内先进企业已经实现了设计、工艺、制造一体化，设计阶段采用模型化三维设计和仿真，工艺阶段实现数字化和结构化工艺，设计和工艺数据可以直接传递到制造阶段用于生产，MES 与设备紧密集成，从而实现智能制造，在效率、周期、效益等指标上得以明显提升。该公司现阶段制造环节虽有 MES 系统管理，但从设计、工艺到制造的数据链还未打通，ERP 类系统对外购物料齐套性的支持还不够。

(5) 创新氛围与机制不足，存在浮躁现象。

目前，我国已经拥有几万项先进的科研成果。但是，高端电子装备的科技成果转化比重较低。其中一个重要的原因是科研机构和企业在研发的同时，没有考虑到技术转移，技术转化链条没有很好地建立起来，没有形成科研成果 — 产品(商品) — 市场的衔接关系。

第四章

高端电子装备智能化融合发展路径分析

一、借鉴国家重大专项经验，破解融合发展难题

国家实施重大专项的推进举措，对于解决我国高端电子装备制造的深度融合发展难题，具有十分重要的启示意义。通过项目的规划、实施和应用，来推动并实现高端电子装备制造的智能化融合发展的目标，是一条值得企业借鉴和学习的有效途径。项目并不只是科研项目，而是从研发到应用的一体化项目。项目的选择、计划、实施都是面向最终的应用，通过项目的全生命周期管理来持续提升高端电子装备制造的生产能力和层次。

(一) 重大专项引领的经验

在通过国家重大专项引领制造能力的提升方面，我国是具有一些经验的。在"极大规模集成电路制造装备及成套工艺"重大专项(02专项)的大力支持下，部分集成电路关键装备已顺利通过验收。以北方华创、上海微电子装备、中微半导体和中国电科各研究所为代表的中国集成电路设备生产企业生产的设备，借助国内庞大的市场需求和高速增长的投资需求，在各生产线实现批量应用并不断完善。目前，上海微电子已经可以提供前道光刻机、封装光刻机及 FPD 光刻机等

核心设备及工艺技术；中微半导体推出的 MOCVD 设备可以用于深紫外 LED 量产；北方华创等企业已经可以量产刻蚀设备、PVD 设备、CVD 设备、氧化/扩散设备、清洗设备、新型显示设备、气体质量流量控制器等。

我国集成电路行业虽起步较晚，但经过多年快速发展，目前已经取得了长足的发展和进步。数据显示，我国集成电路市场规模由 2017 年的 5 411 亿元快速增长至 2021 年的 10 996 亿元，年均复合增长率为 19%。国家统计局统计公报显示，我国 2022 年全年集成电路产量为 3 241.9 亿块，比上年下降 9.8%；全年集成电路出口 2 734 亿个，比上年下降 12%，金额为 10 254 亿元，比上年增长 3.5%；集成电路进口 5 384 亿个，比上年下降 15.3%，金额为 27 663 亿元，比上年下降 0.9%。

在"高档数控机床与基础制造装备"重大专项(04 专项)的大力支持下，广大机床企业、用户企业、高校和研究院所通力协作、攻坚克难，取得了一系列重大成果和关键突破，产生了一批重大标志性成果，在多项关键技术和装备方面实现了突破，有力支撑和保障了国家安全。

其中，8 万吨大型模锻压力机和万吨级铝板张力拉伸机等重型设备的成功研制，填补了国内航空领域大型关键重要件整体成形的技术空白；大型燃料贮箱成套焊接装备成功应用于长征五号等新一代运载火箭的研制，在航天领域建立了首条采用国产加工中心和数控车削中心的示范生产线，已应用于新一代运载火箭、探月工程等 100 余种 10 000 余件关键复杂零部件的加工，取得了显著的经济和社会效益。数控锻压成形装备的产业化成效显著，其中汽车大型覆盖件高效自动冲压生产线达到了国际领先水平，国内市场占有率超过 70%，全球市场占有率超过 30%。

我国中高档机床的水平也得到持续提升，行业创新研发的能力不断增强。专项实施之初确定的 57 种重点主机产品，目前已经有 38 种达到或接近国际先进水平。其中，龙门式加工中心、五轴联动加工中心等制造技术趋于成熟，车削中心等量大面广的数控机床形成了批量保障能力，精密卧式加工中心等高精度加工装备取得重要进展，初步解决了机床用关键零件的加工需要。机床主机平均无故障运行时间从 500 小时左右提升到 1 200 小时左右，部分产品达到国际先进的 2 000 小时水平。专项提出的"五轴联动机床用 S 形试件"标准通过国际标委会审定，实现了我国在高档数控机床国际标准领域"零"的突破。

(二) 重大专项的实施分析

对于高端电子装备制造的智能化融合发展专项的管理，应采用全生命周期的管理模式，将项目的各个阶段连接起来，形成一个有机闭环，实现各个环节环环相扣，使得各类企业更好地相互融合、相互借力，各部门协同配合、高效运转。

1. 项目选择的分析

在进行项目选择时，可从产业链角度和科技发展趋势两方面考虑。

为提高我国自主创新能力和产业竞争能力，在选择重大专项时宜选择产业链中最薄弱、"卡脖子"的环节中的项目，比如向集成电路产业链中的光刻机等关键装备提供重点支持；应紧跟集成电路技术和产业发展前沿，面向市场需求，在芯片制造和工业软件等领域实现关键技术突破，研发出拥有自主知识产权并具有国际先进水平的高科技产品。

为了在关键领域抢占制高点，开辟新的产业发展方向，应该选择代表科技发展未来方向的项目，选择颠覆性技术的项目(比如智能制造领域中的人工智能、机器学习等)进行重点支持。

2. 项目计划安排的分析

项目计划按照时间跨度可以分为短期计划和长期计划。

在安排短期项目计划时，要考虑两方面因素。一是从国家安全的需求出发，围绕国家重大战略需求开展集中攻关，优先安排国防急需的高端电子装备项目。二是从军企和民企的供给出发，为稳增长、促改革、调结构、惠民生，取得显著社会和经济效益，应该优先安排已经具有一定科研基础、有条件进行科研成果转化的项目。

在安排长期项目计划时，为了提升我国综合国力，早日实现创新型国家宏伟目标，还应对具有颠覆性技术的项目进行长期跟踪和支持。

3. 项目过程管理的分析

在重大专项开展过程中，强调全生命周期管理的理论应用，致力于各个环节相互间的紧密连接及各个部门信息的共享，贯彻"制造即服务"的理念，为用户提供个性化定制服务，激发企业的创造力。主管部门和参与单位应持续与用户单位沟通，协同配合，持续改进设备的功能和性能，不断总结经验、吸取教训，提升高端电子装备制造的生成能力和层次，为项目的迭代提供基础。

4. 项目支撑的分析

在项目开展过程中，需要大量人才和技术的支撑。以芯片制造为例，在芯片制造项目进行时，应深入研究面向智能芯片的高性能计算支撑技术。例如，研制同时具备高效能、灵活性、易用性的深度学习高级语言及其编译器、汇编器、连接器、调试器和反汇编器，打造基于智能芯片的系统软件和应用生态等。除此之外，还应培养该领域的优秀人才，加快形成高水平的芯片技术人才队伍。企业与大学和科研院所合作，建立全球顶尖技术人才库，有针对性地提供高水平人才。

5. 项目协同的分析

加强相关国家重大专项的协同，促进广泛交叉研究，探寻技术高效演进与提升的新路径。全面强化应用导向，为自主芯片技术和国产光刻机、刻蚀机等装备提供示范应用场景，从而能够在真实环境中实现有效迭代。超前布局新型芯片技术、材料和装备，充分把握芯片"应用场景 10 倍数变革"规律，在物联网、人工智能、工业互联网、矿机等新场景中加快开发 TPU、NPU 等新型芯片。积极开发包括石墨烯在内的新型半导体材料，实现对现有芯片技术的颠覆与超越。

二、统一标准体系，打破融合标准壁垒

相关标准的不协调，是阻碍企业资源共享、技术互用的瓶颈之一，它严重制约了中国工业体系建设和社会经济发展，尤其在高端电子装备制造上，降低了应有的融合效益。随着高端技术需求的不断增加，资源的相关性、互适性和可替代性愈发明显，标准已成为社会和经济活动的技术基础和重要依据，是大国竞争力的核心资源之一。因此在推动融合发展的同时，必须探索建立标准化融合机制。

(一) 标准融合的相关经验

为推动标准融合工作，发达国家积极推进民用标准和军用标准相互转化，广泛开展互适性研究，以便打破军民通用技术标准壁垒。

1. 美国

美国在 20 世纪 90 年代就开始实施"军民一体化"战略，其核心手段就是加强民用标准，核减军用标准。美国国防部在 1994 年进行军标改革后，以发展军民两用技术为导向，积极健全完善军民通用标准，大力提倡采用民用技术军民通用标准与民用技术规范，以扩大民用产品采购。针对民用技术发展迅速、成本较低等现实情况，美国国防部提出"必须优先采用民用技术、产品和劳务"，以此推动民用技术的军事运用。其具体措施有以下三点：第一，对所有军用标准进行全面审查清理；第二，优先采用非政府标准；第三，大力倡导性能规范。例如，在高端电子装备方面，特别是武器制造方面，由于国防武器更注重可靠性和先进性，因此美国曾制定了十分繁复的军用标准以满足军品在设计、制造、工艺、检测、试验、技术指标等方面的特殊需求，以保证产品质量和可靠性。但随着民用技术的快速发展和国防工业改革的需求变得更迫切，美国对其军标和规范进行调整和简化，或规定在某些领域除一些特殊的要求外，一般优先采用民用标准。这些融合形式在美国太空融合发展战略中，尤其是在卫星通信领域应用十分广泛。冷战结束后美国便开始着手军用卫星与商业卫星的联合使用，实现功能和技术需求上的统一标准。2005 年克林顿政府正式提出通信卫星商业化的方案，在技术标准上满足宽带、窄带、防护、中继、快速响应五个方面，同时军用卫星的新技术与民用卫星进行部分技术共享，不断提升军用卫星的技术成熟度等级；在功能标准中，部分商业卫星的战时使用权归属军方，并需提供包括同步轨道、中地球轨道、近地轨道等多种型号的卫星，实现对太空的全方位把控。

截至目前，美国已废除约 300 项军用标准和 4 000 项军用规范，而对应的军民通用标准从 1 000 项增加到将近 1 万项。2001 年，美国国防部发布了《国防部标准化工作纲要》《国防部和非政府标准团体的相互关系》和《国防部人员参与非政府标准技术委员会一览》等多个技术性规范文件，规定了美国军方标准化工作的目标任务和组织管理体系，全面规范了标准化文件的编写、制定和维护管理工作。

2. 俄罗斯

俄罗斯的融合发展标准化工作开展得较早，于 1881 年制定了第一批水泥方面的标准。1991 年根据俄罗斯总统令成立了俄罗斯标准化、计量和认证委员会。在 21 世纪初期，俄罗斯对国内军工与民用企业进行了大幅度标准整合，比如军事电子高新技术 (如计算机、半导体、通信、先进材料和先进制造技术)的开发逐步由民用市场驱动。俄罗斯在 2010 年前后，提出开展标准化融合发展的具体措施：第一，着力加强国防电子高端设备与武器装备的标准化建设，扩大国家标准的适用范围，减少军用标准制定项目；第二，开展国家标准对国防电子高端设备的适用性研究，大量采用民用标准，并将标准检验工作由国防部转移至工业部门；第三，在新颁布的国家标准中补充军用条款，或者为新编国家标准制定军用补充要求。

3. 欧洲

欧洲以 1975 年欧空局的成立为标志，确立了先民后军、以民促军战略。在军民两用技术、军民两用人才及军队后勤保障方面，欧洲仿效美国方式推进融合发展。欧洲各国尤其重视军用电子技术向民用的转换。例如，德国、法国的军工电子企业将探测技术、赛博空间技术、指挥控制技术应用到国土安全、民用信息系统的信息安全、交通管制等领域。英国方面，在标准化融合发展上主要采取了以下政策：第一，在高端设备的制造技术上只有在确实无适用的国家标准、地区标准和国际标准(包括民用标准和军民标准)时，才制定英国国防部标准；第二，保证各类标准之间最大限度上协调一致；第三，倡导性能规范，要求国防部标准应规定高端电子产品、过程和服务的性能要求，而不是其形式和材料；第四，采购活动中积极选用非国防部标准，其选用标准的顺序分别为地区标准、国际标准、英国国家标准、北约标准化协议和四国标准化协议、英国国防部标准及下属部门标准、其他标准等。

(二) 标准融合的资源依赖和互操作性理论

基于发达国家的融合经验,我国标准融合可以运用资源依赖理论和互操作性理论,构建技术标准互操作性与资源共享的项目体系。即从资源依赖理论角度,解决产业之间为什么需要相互渗透和相互融合的理论依据问题;从互操作性理论角度,解决产业之间怎样实现相互渗透、相互融合的理论依据问题。

资源依赖理论由美国学者塞尔兹尼克提出,其核心是没有组织是自给自足的,所有组织都必须依赖环境或其他组织来获得资源,且一个组织的生存因此会建立在控制它与其他组织关系的能力的基础之上。资源依赖理论的应用主要体现在组织关系的研究中。例如,在无人机这种高端设备的制造上,如何在军工企业与我国民用大疆无人机之间实现有限的资源与技术共享;在航空工业上,我国的融合发展目前呈现集群式发展、模块化发展和平台化发展三种发展模式,但每一种模式都是借助资源依赖理论,实现技术与资源的双向转换,提高双方工作效率的。"融合"的本质就是要实现技术资源、人才资源、物质资源和社会资源的共享和有效利用,而资源依赖理论恰恰能够准确地解释这种不可分割、相互依赖的关系,进而实现我国高端电子装备的快速、全面发展。

互操作性的概念来自计算机科学领域，指的是"不同系统和机构之间相互合作、协同工作的能力"，亦称"协同工作能力"或"互用性"。互操作性理论的应用主要集中在计算机软件服务领域、国防科技领域、企业信息化领域和其他科技应用领域。实现融合发展，核心要素是技术的融合，因此必须建立相关技术标准，就是要实现军用与民用技术的互操作性。技术标准的互操作性，是指各类产业相互需要配合的领域，通过实施标准通用化，打通双方技术共享通道，共同完成融合发展项目实施的行为。传统情况下，各类产业之间技术资源各自独立发生效应，增加了生产及管理的成本，不利于生产及业务流程的优化。融合技术标准的互操作性可有效解决上述问题。要在高端电子装备等众多领域实现融合技术标准的互操作性，标准通用化是基本前提。

(三) 标准融合实施方案

为进一步推动我国标准化融合工作，满足各层级对标准融合发展的迫切需要，提出以下三点建议，形成包含技术、管理、发展创新的军民标准体系融合方案。

(1) 在技术上，要通过统一标准来打破各类标准体系之间的技术壁垒，实现技术接口的畅通化。

在高端电子装备等众多领域中实现技术标准的有效对接和互操作，其中最重要的是开放性和兼容性设计。一方面，可以通过建立开放系统平台，形成一个系统、全面的技术平台，开展产品研发生产之前，企业可通过该平台首先进行技术标准的对接；另一方面，国家可采取优惠政策，支持鼓励企业在进行技术研发时，充分考虑技术的兼容性和可扩充性，以便在融合发展项目实施时开展技术互联和协同。

技术标准的制定能够有效地从技术层面实现融合发展，消除技术的沟通壁垒，同时促进军用技术的发展。以我国无人机行业为例，技术标准的制定应兼顾无人机行业工业制造和军用装备需求，不断加强企业合作，提高行业标准通用化水平。根据现有的融合应用特点，标准的制定应包括基础标准、技术管理标准和技术要求标准。

基础标准兼顾基础技术、安防技术、共享通信技术等，应建立"产学研用"组成架构，将高等院校的基础性、前沿技术、先进技术研究与军工企业的无人机装备的总体工程化设计相融合，实现新技术的转化应用；在安防技术方面应紧密围绕相关适航标准、资质认证、验证检测等方面，分层级对产品安全防护、运营安全防护建立融合标准；同时在通信共享方面应构建适用于监管信息传输、任务信息传输和指控信息传输的无人机行业通信网络标准。

在技术管理标准中，适航类标准应充分借鉴国际标准，与国际标准接轨将提前拓宽我国无人机产品进入国际市场的通道。借鉴已有的有人机适航体系框架，针对无人机特点，重点加强型号审定基础、发动机审定基础以及零部件审定基础的标准推进工作。

技术要求标准应包括技术标准、产品标准、工艺标准、检测试验方法标准等。技术标准也可以进行分级制定，包括系统级标准、分系统级标准、部件级标准。系统级标准应包括试验与试飞标准、通用接口标准、专业工程标准等；分系统标准应包括无人飞行器标准、测控系统标准、起降系统标准、任务系统通用标准等；部件级标准应包括通用零部件标准、工艺标准、工装标准等。

(2) 在政策上，结合我国国情，建立标准化融合发展长效机制、自上而下的标准化融合工作机制。

首先，学习借鉴其他国家的融合经验，积极采用能满足军方需求的民用标准，在有民用标准的情况下不重复制定军用标准。例如，要建立有利于两用技术开发与产业化的采购机制，在不影响军事需求的情况下，应优先采用民用产品、技术，将军队专用标准逐步转向性能标准。另外，要积极制定军民通用标准，积极建立公共的技术信息发布和交流平台，引导有能力的民营企业了解武器装备需求，努力提升产品性能，使军方能够及时掌握民营企业的最新产品性能，也使民营企业能够及时了解军方的军事需求和性能要求，促进军民之间信息的沟通与融合。

其次，基于国家融合发展整体框架，以《中华人民共和国标准化法》为指导，研究制定军民通用标准组织管理体系，明确相关标准编写制定流程，加强基于标准化技术委员会的人才融合和交流，进一步扩大军队单位参与地方技术委员会的人员数量，试点地方领域机构人员进入以军队单位为秘书处的标准化技术委员会的机制，推动民用标准和军用标准之间的信息共享，形成军民标准融合的长效机制。

最后，重点建立自上而下的标准化融合发展工作机制。一是发挥好国家和军队标准化主管部门的职能作用，在中央的集中领导下，成立军民双方参与的标准化组织架构，搭建军地双方信息资源管理平台，并以法律条文形式予以规范约束；二是发挥好行业主管部门的标准指导职能，根据国家层面的统一规划，各有关行业主管部门和标准化技术委员会，应承担本部门和本行业的标准化融合工作；三是发挥好地方政府的协调服务职能，地方政府应与国家和行业两级标准化部门加强对接协调。

(3) 在发展上，以重点融合领域的标准化为先导，逐步实现全方位的标准化建设。

标准化融合发展工作先行先试，对探索标准化融合发展整个工作流程、工作模式和运行机制具有重要意义。

首先，要明确重点融合领域的标准化需求，在基础设施统筹建设和资源共享、国防科技工业和武器装备发展、海洋、太空、网络空间、生物、新能源、人工智能等众多重点领域，特别是在高端电子装备制造方面，初步形成全要素、多领域、高效益的深度融合发展格局。

然后，通过在国家自主创新示范区、国家高新技术产业开发区等重点区域进行高端电子装备的标准化融合发展示范，对后勤领域涉密程度较低的标准体系先行探索，有重点地打破阻碍标准化融合发展的限制壁垒，后面逐步加大资金投入，有针对性地推动融合发展标准项目落地，以点带面，实现全面化标准融合工作。

这里以北斗卫星的融合发展为例来说明作为融合发展产业发展

的先行者，北斗系统在 2008 年的汶川地震中已经凸显出其融合发展的趋势 —— 通过北斗卫星用户机为灾区 400 多个乡村建立通信网络。北斗系统自 2013 年开放服务以来，服务已经涉及交通、海事、电力、民政、气象、农业、水利、测绘等领域，尤其在国家电力网时间同步、天然气规模运输物流管理、移动通信时间基准领域发挥了关键作用，并建立了五大产业区域和九大示范产业园，同时也催生出了北斗星通、神州天鸿等以卫星导航为主要业务的民营企业，并在较大程度上形成了完整的融合发展标准。因此，其他高端装备的融合发展可以效仿北斗系统的路线，先逐步走向民用市场，带动民营企业的发展，逐步建立比较完整的融合标准体系。

三、突破关键共性技术，推动装备制造自主可控

技术的日新月异使得智能制造装备的竞争异常激烈，精准开展技术创新是企业不断提升竞争实力、开展融合发展的根本举措。从融合发展的需求出发，构建高效便捷的技术创新路径，通过迭代、变换、耦合，形成多种技术创新方案，可以为军民企业在国际激烈竞争环境中降低创新风险，高效有序地开展结构化、流程化的技术创新活动提供有益的参考与启发。

近年来，我国工业化、信息化发展成就显著，产业转型升级进展明显，综合实力和国际竞争力大幅提升。但是，我国制造业"大而不强、缺芯少智"，很多领域缺乏关键核心技术的局面尚未根本改观，而这一点在融合发展产业上也多有体现。在融合发展视角下，我国装备制造业的主要问题是：创新能力弱，缺乏关键核心及共性技术，并且长期以来关键共性技术(即竞争前技术)缺位的现实严重影响了科研成果的转化。因此，加大自主创新力度，加快关键共性技术攻关突破，推动融合发展战略下装备制造业的高质量发展已经成为目前亟待解决的问题。

（一）关键共性技术的主要特征

关键共性技术在融合发展领域应用广泛且发展潜力大，其研究介于基础研究与应用研究之间，与基础研究和应用研究既有联系又有区别，主要特征可归纳为以下几点：

1. 基础性

关键共性技术的基础性是指共性技术的成果处于基础性地位，可为后续技术开发提供基本手段和技术支持，为后续技术的推广应用提供技术基础。作为一类已经或未来被应用于多领域的技术，基础性是它的本质特征。同时，基础性也决定了关键共性技术具有公共产品的属性。

2. 外部性

关键共性技术的外部性指研究开发共性技术的个体不能独占关键共性技术成果及其带来的全部收益，关键共性技术容易扩散或溢出到其他部门和领域成为社会所公有。面对单个企业不具有多学科研究能力的特点，关键共性技术具有相当广泛的推广价值，可以在一个行业甚至多个行业得到应用，可通过后续研发产生可观的增加值，从而为企业进行合作研究创造了有利条件。

3. 集成性

关键共性技术由于经常涉及多个部门所使用的技术，因此它要与其他技术成分结合后才能共同支撑起产品或工艺。关键共性技术成果的知识，在研发过程中，可以同时提高其他许多产业的技术水平；当然，它也能受益于其他产业技术进步的扩散效应。所以说关键共性技术具有集成性的特征。由于关键共性技术具有普遍适用性，因此它在提高国民经济方面具有显著作用。

4. 超前性

关键共性技术研究处于竞争前(Pre-competitive)阶段。从研发阶段看，共性技术研究跨越了应用研究和竞争前的试验发展两个阶段。

企业都要在共性技术这个"平台"上进行后续的商业开发，最终形成企业专有的产品和工艺。

5. 开放性

关键共性技术提供技术平台为多个企业服务，是科学知识的最先应用，其研发成果可为某个或多个行业共享。共性技术作为技术源，为后续的二次开发奠定了基础，但由于这个平台是为整个行业，或者多个行业的企业、研究机构等服务的，因而这个技术平台必须是开放的。关键共性技术的开放性直接决定其应用的深度和范围，也是决定其真正达到实用化、真正转化为现实生产力的基础。

6. 风险性

关键共性技术往往涉及多个技术领域，所以其开发周期更长、资金规模更大、预期收益波动也更大，再加上关键共性技术具有超前性，导致其具有风险性。因此，对于关键共性技术，国家或企业等投资进行开发就需要有一定的预见能力。

(二) 基于关键共性技术特征的需求提取

1. 选择融合发展的目标市场

随着国内军民企业之间资源整合频率加快、产品技术趋向成熟，企业为能赢得国际竞争，需要以异质化的服务创新弥补产品技术突破的不足，进而满足不同融合发展项目建设的需求。以生产军品为主的民企，大多以生产元器件、零部件为主。大多数民企现阶段直接涉足核心和总体产品还不是很现实，比较可行的方法是在电子元器件、零部件等先进制造、新材料等领域由配套供应商逐步过渡到生产骨干、核心军品领域。

目前我国的融合发展度在 40%上下，正处于融合发展初期向中期迈进、由初步融合向深度融合推进的阶段，而美国民企已包揽了90%以上的国防军工订单。因此，我国融合发展的目标市场的重点应从元器件、零部件转移到智能制造的整机装备这类核心产品领域。

2. 挖掘关键共性技术需求

目前我国融合发展产业整体竞争力依然较弱,容易形成"卡脖子"问题。原因之一是基础性技术创新与当前的产品技术创新不匹配。

首先,我们应着眼于服务创新战略,向客户提供面向产品使用的提升型智能制造服务。基于前述目标市场,为精准获取技术创新需求,采用访谈等方法进行需求挖掘。通过对项目访谈的分析和整理,可以发现融合发展的创新需求集中在自主核心技术、关键制造设备、重要工艺流程等方面。

其次,我们需要通过加强扶持政策的方向性引导、强化专利质量的监控等方式,依托龙头企业和骨干研发机构的创新资源,重视关键共性技术的研究,重点培育高端电子装备制造产业尤其是自动化技术以及智能化技术等共性技术的高价值专利,形成产业辐射,提升高端电子装备制造业的技术地位和自主能力。

最后,我们应依托目标技术领域的产品与技术结构等形成的技能体系,对应于该领域技能体系的相关选项,依据该领域专家指导意见,将一般需求转换为关键技术创新需求。

(三) 关键共性技术的发展趋势

以高端电子装备为代表的制造技术,如通信导航、芯片制造、雷达制造、天线制造、柔性电子制造、自动控制等,是支撑电子装备智能制造发展的重要前提。同时,我国在制造方面存在一些关键共性技术需要突破,如集成电路设备与工艺,工业大数据采集、管理、分析与智能决策技术,网络化智能制造技术,高效率、高可靠性、数字化集成化机械基础件生产技术,智能传感材料与器件,金属材料智能制造集成服务支撑技术,微纳 3D 打印技术和人机共融机器人技术等,这些技术直接制约着制造质量和水平的提升,影响智能制造的自主发展。为此,我们应从制造的具体实际出发,攻克关键共性技术,紧跟发展趋势,解决融合发展政策下发展电子装备智能制造的关键共性技术的核心问题。关键共性技术的主要特征与发展趋势如图 4-1 所示。

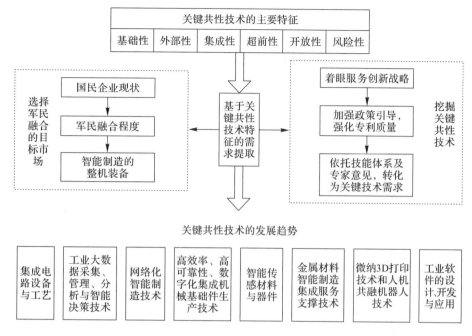

图 4-1 关键共性技术的主要特征与发展趋势

1. 集成电路设备与工艺

集成电路装备作为集成电路产业发展的关键基础,已成为高端电子装备产业的典型代表。通过梳理全球集成电路装备产业链,可以明晰我国集成电路装备在技术体系、竞争态势等方面的现状,为进一步夯实基础,弥补"短板",加快提升集成电路产业的创新步伐奠定基础。集成电路设备与工艺的重点发展领域如下:超大规模集成电路、北斗导航、数字处理器、芯片底层架构、FPGA(现场可编程门阵列)等关键集成电路设计技术。

2. 工业大数据采集、管理、分析与智能决策技术

工业大数据是指具有海量的数据规模、快速的数据流转、多样的数据类型的数据集合。大数据相关的收集、处理、分析和可视化等技术均是智能制造的核心技术。其关键技术主要包含分布数据挖掘技术、基于数据的推理技术、基于数据和知识的决策支持技术等。通过充分利用企业研发设计、生产制造、经营管理、市场营销、售后

服务等产品全生命周期的数据以及产业链上下游的数据，可以加速企业级产品创新，提高个性化服务和产品故障诊断与预测水平、改进生产线管理，提高决策能力。

3. 网络化智能制造技术

网络化智能制造技术采用以数字化模型为中心的协同研制模式，将目前产品研制过程中的人工协调、手工操作、随机处理状态全面提升到全过程的数字化、网络化、智能化处理水平。该技术涉及的关键技术包括智能传感器技术、智能制造执行系统技术、制造与服务智能集成与共享技术、多传感器信息融合技术等。网络化智能制造技术对于全面优化产品研制模式，提升产品性能和研制水平具有重要意义，其突破可以带动多种高端装备制造行业乃至制造业的全面升级。

4. 高效率、高可靠性、数字化集成化机械基础件生产技术

关键基础件是现代装备发展的基础，特别是高效、节能、长寿命、高安全性、高可靠性、高精度、高功率密度、适应复杂环境苛刻要求的传动件是未来需要大力发展的产品。数字化集成化传动技术将传统的动力传动技术与数字技术、信息技术、总线技术、网络技术相融合，实现液压/气动/密封、齿轮、轴承等传动件在线实时控制、在线监测、自我诊断、自我修复及多种元件与功能的集成，以提高产品性能，简化系统，提高系统柔性，提升传动效率、产品安全性与可靠性。

5. 智能传感材料与器件

智能传感是传感器与微处理器智能的结合，兼有信息检测与处理功能，是对人类的触、听、视、热、嗅觉和电磁感知等能力的延伸，其应用领域涉及人类生产生活的各方面。随着人类对可集成和可穿戴设备的需求日益增加，以柔性敏感器件、柔性印刷电路板、柔性屏幕等为代表性的柔性传感器需求逐步扩展。发展柔性传感器，并提高其探测灵敏度，实现使役条件下长期稳定可靠工作，缩短响应时间，减小功耗，将对公共安全、个性化工业制造、医疗康复以及体育科研等领域产生广泛影响。

6. 金属材料智能制造集成服务支撑技术

我们应围绕经济和社会发展对金属材料绿色化、智能化、个性化生产制造的需求，结合先进制造工艺、方法和装备，基于大数据、云计算和物联网等学科交叉技术开发金属材料智能制造集成服务支撑技术。在此基础上，进一步推动金属材料产业与下游应用领域的结合，形成关键基础金属先进材料的用户应用技术的数据支撑体系，注重终端用户的个性化需求，发展定制化服务和全生命周期管理，并且通过金属材料智能制造集成服务支撑技术突破，建立基于工业物联网的绿色化和智能化的金属材料制造集成服务支撑平台，发展一批生态金属材料产品，形成新型运营服务模式。

7. 微纳 3D 打印技术和人机共融机器人技术

微纳 3D 打印技术可用于多品种、小批量的微纳器件(如微纳传感器、微流控器件、印刷电子、微光学系统、微纳光机电系统、光电子器件等)的快速制造以及新型超材料(如人工晶体、隐身材料、定向辐射材料、光频超磁性材料等)的纳-微-宏跨尺度构件设计的实现，在国防、通信、能源、航空航天、生物、医疗、电子、高清显示、柔性智能器件等领域有着重大和广泛的应用前景。

现有普通机器人难以满足新兴制造业的需要，特别是难以满足非一致性操作对象、非固定时序生产线、多机协调及人机协调等需求。人-机协作能力是新一代机器人最主要的行为特征，人-机协作能够汇集拥有该能力的机器人具有了机器人的精度、速度和人类的认知、智能优势。人机共融机器人就拥有该能力，即足够的自主行为能力，能够通过人与机器人的高效配合，利用人来弥补机器人的不足，同时利用机器人来弥补人作业能力的不足，从而大大提升制造系统的柔性和敏捷性，降低劳动力的密集程度。

8. 工业软件的设计、开发与应用

工业软件是实现工业数字化、网络化、智能化的核心要素，也是工业化和信息化融合的"切入点"和"黏合剂"。近年来，工业软件在智能制造中的作用愈发凸显。在实际应用中，工业软件将在供应链

协同优化、基于模型的企业(MBE)的产品生命周期管理、基于平台的数字化生态系统建设，以及结合云、大数据、虚拟现实等新技术的创新应用等方面发挥更大的价值。

云计算、物联网和人工智能将是影响工业软件发展的核心技术。目前来看，工业软件因其特殊性，不适合以公有云的方式来落地，但可以通过混合云的方式，将企业敏感数据和业务环节进行剥离，进而实现企业整体的数字化改造。基于大数据和机器学习的工业智能，通过整合企业相关数据与人工智能算法，可实现数字驱动企业运营；同时，通过建立虚拟、并行、协同的研发网络和软件平台，可有效整合跨地域、跨企业、跨专业的研发资源和能力，逐步实现产品研发的网络化，利用全球资源增强技术创新能力和产品研发能力。

四、加快高端人才培养，促进人才流动与知识流转

(一) 融合发展产业人才流动的必要性

由于军地两系统在产业发展的各个要素层面都存在着很强的资产通用性，如 863 项目中，军民之间的信息技术部分通用性达到 70%，俄罗斯的军工系统中约四分之三的技术都可以实现军民通用，所以掌握技术核心的人才流动就成为影响高端电子装备制造产业"更好""更快"融合发展的关键因素之一。

从系统工程的角度看，融合发展高端电子装备制造是实现产业发展能量耗散最小化的必然选择。融合发展系统是一个开放的复杂巨系统，子系统规模庞大、内容复杂，子系统与子系统之间的衔接关系类别繁多，主要表现为各参与主体之间跨区域、跨层次、多组织、多方面协调的复杂性，各参与要素之间流动、集成和反馈的复杂性以及系统的开放性带来的变化的动态性。而子系统之间以及子系统与外部环境之间要进行物质、能量和信息的交换。因此，在高端电子装备制造发展的过程中，更要打破军事工业系统和民用工业系统之间自

我封闭、自成体系以及条块分割的状态，畅通人才流动，使得二者之间能更好地进行信息交换，将国防工业系统与整个国家的工业系统深度融合，降低系统融合的门槛，减少交流过程中的能量耗散。

(二) 融合发展产业的知识流转理论

要实现高端电子装备制造产业发展，在海洋、太空、网络空间、生物、新能源、人工智能等前沿领域占据国际竞争制高点，就必须在技术层面实现重大创新和突破，而技术创新的本质是知识创新。知识创新需要在一定的环境中实现，因此引入知识场的概念。享有世界"知识运动之父"盛誉的日本学者野中郁次郎将"场"定义为分享、创造以及运用知识的动态的共有情境。哈耶克(1945)提出知识将会随着时间和空间的变化而产生相应的变化移位。萨奇曼(1987)提出知识并非无意识的行动，而是带有行动性和目的性的具体指向。就时空及与他人的关系而言，创造知识的过程也一定是以情境为转移的。知识不能凭空而生，高端电子装备制造产业的"知识场"提供能量、质量及场所，加速知识的流动、转换、吸收过程及知识的螺旋运动，实现知识创新。

融合发展高端电子装备制造产业的知识流转实质上就是"知识场"中的各知识质点之间进行知识溢出、流转与价值螺旋增值的过程。在市场需求和技术发展的推动下，知识势能高的知识质点通过正式的合作或非正式的社会网络关系，将技术创新成果通过有偿或者无偿等途径转移到知识势能相对较低的知识质点，使得先进知识和技术在融合之中能够得到广泛推广和运用；创新主体在知识累积的基础上通过知识流转不断进行认知的理解与反馈，最终形成创新成果，达到先进知识和技术的最大化利用，对社会经济发展产生相应影响。

由于知识溢出及扩散过程不仅是知识的生产、创造和应用的进化过程，还是资源成长与企业提高技术产品附加值以及增强竞争优势的过程，因此，知识流转是知识创新以及技术进步的具体实现机制。尤其是高端电子装备制造产业军地双方之间的知识流转，既是促进科技进步与经济发展相联结的途径和方式,也是兼顾国家发展和经济建设的富国强军相统一的途径和方式,这样才能使得知识充分涌流,激发我国的创新活力。

融合发展高端电子装备制造产业的知识流转理论从知识流本身所具有的流体力学性质出发进行探究。要让高端电子装备制造产业中的知识源泉充分涌流,需考虑流体形成的两种基本形态,即流体的层流形态和紊流形态。基于流体流动的不同形态特征,知识流转理论提出了与层流形态相适应的知识流转的层流模式,与紊流形态相适应的知识流转的紊流模式,以及层流、紊流融合式的知识流转的螺旋增值模式三种类型。

1. 知识流转的层流模式

1883 年,雷诺用实验方法证明流体存在两种不同的流动形态,即层流和紊流。层流发生于相邻流体层做相对运动之时,可形成光滑的但不一定笔直的流线,无宏观掺混。流体层流的特点是流体运动过程中的流动黏性小。流动黏性即流体在运动过程之中,相邻流层之间因生成黏滞力而产生流动的阻碍性质。知识流转过程中,形式知识(显性知识)的流动往往属于层流,在层流形态中,知识流的黏滞力不大,各个知识质点之间互不掺混。

高端电子装备制造知识类型的表现多以成熟应用性知识为主,形式知识的流转主要借助的是各种实物载体,例如成型产品、专利技术、报纸杂志出版物以及先进仪器设备等实物载体。知识创造主体将其创造的知识进行扩散和溢出,将其先进的知识或者技术成果进行一种纯粹转移和外化,实现知识的流转和共享。在层流模式中,高端电子装备制造知识场中的各个质点之间黏滞力并不大,且互不掺混,因此知识能够顺畅、有序、稳定地流转。

2. 知识流转的紊流模式

知识流转的紊流模式中的知识流,相比于层流模式中而言,在运动过程中的流动黏滞力大,各个知识质点之间相互掺混。在知识流转过程中,暗默知识(隐性知识)的流转往往偏向于紊流形态。高端电子装备制造知识类型的表现多以基础科学性知识为主,暗默知识的流转主要借助的是非正式交流、经验分享和人员流动等虚拟载体,通过"干中学"等方式实现知识的流转和共享。在这种知识流转方式之中,知识质点之间的黏性比较大,知识能够在各知识质点之间不断地碰撞,因此知识质点的运动呈现出随机性和扩散性,生成无序的紊流状态。

在紊流模式中,知识创造主体向潜在的知识受体进行知识溢出和扩散,主体和受体相互交融,进行两方之间的知识碰撞,继而形成二次知识的改进和完善过程。相比于知识流转的层流模式而言,知识流转的紊流模式对于创新知识的利用更大化,更加考虑了知识的溢出过程中,高端电子装备制造知识场中由知识传播体和知识接受体的知识差异而形成的知识碰撞,而这种知识碰撞的反馈将更加有利于知识创新主体对于创新知识的完善。因此,在高端电子装备制造知识场中,紊流模式过程相比于层流模式而言,其知识增量和价值再创造表现得更加明显。

3. 知识流转的螺旋增值模式

如上所述,高端电子装备制造的知识流体包括两种基本流转形式,即层流和紊流。由于知识势能差的存在,在实际的高势能主体向低势能主体进行知识流动的过程中,形式知识的层流和暗默知识的紊流往往都隐含其中。在实际的高端电子装备制造知识创造过程中,两类知识流相互转换、互利共生。形式知识通过层流模式可以内化为暗默知识,即通过借助实物载体如报纸杂志等进行传导,或通过虚拟载体如人员交流共享的形式提供技术支持。螺旋增值模式的知识流转有助于促进知识创新,创造高新科技成果。高端电子装备制造知识流转中,军用知识库和民用知识库中的高端电子装备制造知识流通过知识溢出以及"隐性知识"与"显性知识"相互转化的 SECI 螺旋(社会化Socialization、外在化 Externalization、组合化 Combination、内隐化Internalization,SECI)形成了公共的网络知识池,知识流在军地双方之间的协同作用下通过层流形态实现知识综合和知识重构,在军地双方自身知识存量的基础之上再通过知识不断交融碰撞而形成黏滞力更强的紊流形态，继而在紊流过程中实现螺旋增值，产生新的知识流，同时增加军民两地的知识存量，双方都能获益。

(三) 融合发展产业的知识流转方式

融合发展为高端电子装备制造产业的知识流转提供了有利的环境。在融合发展高端电子装备制造产业中，层流模式、紊流模式和螺旋增值模式的知识流转是各方知识获取和知识共享的路径，这些模式下的知识流转主要包括以下四种方式：

1. 企业间的合作

高端电子装备制造产业中最普遍的知识流动发生在企业间的合作中，表现为与其他企业进行项目研发或技术合作，通过研究人员和知识存量的相互交流补充，为合作企业带来知识累积，形成规模经济和协同效应。在融合发展高端电子装备制造产业中，军工企业与民营企业在产品上相关度高，军工企业一般规模大、资金足、技术积累雄厚，而民营企业在一些新兴技术上更有优势，二者之间通过项目进行合作，在合作中互动学习，完成知识、技术的溢出、流转与价值螺旋增值。

2. 政产学研用融合发展模式

在融合发展高端电子装备制造产业中，政产学研用是知识流动的另一种基本方式。政府是创新平台的搭建者，军方代表着用户，军地科研机构、军地高等院校和军地企业分别代表着技术创新的上、中、下游。通过需求对接、技术驱动和市场配置等环节，知识流转表现为主体间的项目合作、专利共享、合作发表以及其他非正式联系。

3. 技术扩散

技术扩散的主要形式是专利转让。专利作为一种无形资产，代表着先进知识的凝结。知识创造主体将其先进的知识或者技术成果进行流转和共享，企业作为创新网络中的创新主体，是创新的主要来源，通过技术合作、引进专利吸收外界先进的知识源，是知识流转最主要的方式。

4．人才流动

人才流动是知识流转的关键方式，人员交流是传递暗默知识的主要形式。在融合发展高端电子装备制造产业中，人才流动更加频繁，而这种人员之间的联系，无论是通过正式的还是非正式的途径，都是企业内部与外界之间进行知识流转的重要渠道。人才流动使得高端电子装备制造知识场中的各个知识质点通过形式知识的流动不断被学习、消化、吸收和理解，内化为自身的暗默知识，也同时将自身的经验、技术、想法和直觉通过概念、模型、文字等实际化有形的形式传递出去，最终实现知识创新和技术突破。与此同时，由于暗默知识的隐性化、个性化程度比较高，在知识流转的紊流模式中，会因为知识的黏滞性大而形成知识的损耗，因此，在高端电子装备制造知识流转过程中，仅仅通过几次非正式交流、少量人员流动等方式进行知识流转尚不够，会形成知识回流情况，而需要大量进行人才流动，使知识得到重复循环流转，让暗默知识中的隐性部分充分释放。所以人才流动是融合发展产业知识流转的重要方式，更是融合发展高端电子装备制造的重中之重。

五、理顺投资分配方式，借助多种市场资源要素

由于融合发展项目存在投资金额大、成本回收时间长、风险高等特点，其投资管理与收益分配一直是制约融合发展的问题之一。

（一）融合发展中的投资分配经验

1．美国模式

美国国防部针对武器装备研制生产各阶段和民用科研生产领域的不同需求，结合军转民、民参军、军民两用等不同特点，设置了各种专项技术转移计划，并进行动态调整。依据美国政府问责署的调查

数据，2010—2012 财年，国防部和各军种共计管理了 20 项技术转移计划，资助经费 79 亿美元，其中重点支持快速能力转化和联合能力转化。2012 年，美国国防部实施了"多学科高校研究倡议"计划，与 63 所高校研究机构签署了"文化和行为效果对社会稳定性影响预测模型"等 23 项合同，开展军民两用的跨学科基础研究。2013 年，美国国家科学与政策办公室发布《2015 财年科学技术研发优先发展计划》，提出要统筹军用民用信息研发计划，加大对大数据、网络空间和频谱等核心技术的投资力度，确保美国军民数据、网络和频谱的安全。

对于重大的融合发展工程，美国政府有较为成熟的投资模式。吸引新厂家参与国家安全与民用航天合同竞标，一直是美国国会、五角大楼和 NASA 的长期目标。美国政府 2011—2017 财年在空间平台与高超音速技术上的投入为 830 亿美元，据知名市场调查机构估算，洛马、波音与洛马合资的联合发射联盟公司(ULA)以及波音这三家企业拿到了所有合同额的一半以上。美国政府花在航天和高超音速技术上的开支年均增长 6%。太空探索公司(SpaceX 公司)已通过成功研发国际空间站货运补给任务和商业载人运输项目所需技术而一跃跻身前五，成为"新航天"企业开始参与争抢政府合同这一趋势的引领者。

太空资讯共享分析中心(Space Information Sharing and Analysis Center，Space ISAC)于 2019 年成立，由洛克希德·马丁、诺斯洛普·格鲁曼等国防厂商，普渡大学、犹他大学、约翰霍普金斯大学、科罗拉多大学 4 家学术机构，微软、德勤会计师事务所共 16 家民营企业和组织发起。

与 Space ISAC 联合的联邦政府机关有美国太空军、国家安全局、国家侦查局、导弹防御局、国土安全部等共 10 个单位，军民之间通过科罗拉多大学成立的非营利组织"国家资讯安全中心"作为资讯流通平台。

Space ISAC 的主要任务有三项，即通过国家和民间合作监控整个美国太空产业的供应链、业务体系和太空任务的安全。

随着民间火箭发射和运量急速扩张，以及低轨卫星数量上升，卫星系统安全性需要更多资源进行维护，因此 Space ISAC 宣布成立"太空任务监控中心"。该中心专门负责侦测任何针对美国卫星系统的网络和安全威胁，并即时发送警告给相关单位。

目前，美国已建立民间资本为军服务的机制，借助风险投资等投融资手段，充分利用民间闲散资金，通过资本市场敏锐地侦察和识别先进的军民两用技术，发现创新、扶持创新、管理创新和转化创新，并对其进行投资和培植，以实现既能满足军方对该项技术的需求，又能满足民品市场高额回报的需要。

2. 日本模式

由于受到战后协议的限制，日本无法拥有专属的国有军工企业，日本的国防科技研发主要由民营企业承担。通过这种"寓军于民"的发展模式，日本逐渐建成以三菱重工、川崎、日本制钢等军工企业为支撑的国防科技研发体系。战后协议的限制使得日本重视军民两用技术的发展，为鼓励企业积极参与军民两用技术的研发，日本不断完善民企参军相关法律体系，在科技金融方面通过财政补贴、制定金融优惠政策、建立政策性金融机构、构建国际金融投资体系等形式，支持国内军工企业的发展，形成了日本军工领域科技金融引导机制。在科技金融政策体系下，日本的三菱、川崎、NEC 等军工企业得到了大量的研发经费补贴及军工订单，保证其在军民两用高新技术研发领域不断发展，提高国际竞争力。2016 年三菱重工及川崎重工在军品收入方面分别达到 36.7 亿美元、17.3 亿美元，占据自身总收入的 10%以上。为了鼓励融合发展产业的发展，吸引大量中小型科技企业参与到融合发展产业的发展中，日本通过金融倾斜政策对参与军工产业的民企实施金融优惠，为中小科技企业减免研发经费多达 6%，不断拓宽参军民营企业的融资渠道。2023 年 4 月 11 日，日本防卫省与三菱重工签订一份合同，推动多个远程导弹项目的研发和量产，合同总额高达 3 781 亿日元(约合 30 亿美元)。分析人士指出，日本通过同时开展多个导弹研发项目，意图尽快形成所谓的防区外打击能力。据日本共同社报道，日本防卫省与三菱重工签订的合同，主要涉及 3 款导弹的研发及量产，实际上对应着日本远程导弹自主开发的"战斧""滑翔弹""潜射弹"三步走计划。日本特别注重从欧美发达国家进行高新技术的引进及科技研发的合作。通过与国外进行技术研发合作，不仅提升了日本的军工生产与融合发展水平，也为日本引进了大量的国际投资，进一步完善了日本的融合发展科技金融体系，实现了日本融合发展与社会经济的有效融合与协调发展。总体来说，日本的金融支持以政策金融为主。

3. 俄罗斯模式

与日本"以民促军"的融合发展战略不同，俄罗斯是典型的军工国有制国家。冷战结束之后，俄罗斯对于军工产品的需求大幅下降。意识到将军工行业发展与经济建设结合到一起的重要性后，俄罗斯开始改变国有单一的军工企业发展模式，对国有军工企业采取股份制、私有化改革，激发军工行业活力。俄罗斯以"军转民"为主，通过"军转民"促进"民参军"的方式进行融合发展，同时进行军工行业体制改革；为提高融合发展质量，还不断完善融合发展相关法律，加强金融对军工行业的支持。进入 21 世纪，面对军工行业资金短缺的短板，俄罗斯加大对融合发展的财政及金融支持。在财政扶持方面，俄罗斯从原有众多军工企业中选出 500 家左右，推出"民用技术重点领域的研发计划""高校和基础研究集成的国家支持计划""俄罗斯电子技术发展计划""国防工业改组和军转民计划""国际热核反应堆及其研发支持计划"，进行政策重点扶持。2001 年俄罗斯对于研发军民两用技术的军工企业免除 4% 的营业税；2002 年底将增值税从 17% 降到 15%，将利润所得税从 35% 降到 30%；2007 年采取出口返税政策。这些税收优惠政策降低了参军企业的成本，提高了参军民企的利润率，促进了本国军民两用技术的发展。俄罗斯于 1998 年成立了国防工业金融改革委员会，根据军工企业的性质，对军工企业实施不同的金融支持政策，同时支持建立"军工-金融"一体化集团。资产证券化为俄罗斯军工行业发展提供了大量的资金，有效支撑了军工企业私有化进程。俄罗斯采取政府财政拨款的方式支持军工企业开展重大基础科学研究，支持股份制军工企业在证券市场进行融资，政府为相关军工企业提供信用担保，由国有银行为其提供信用贷款，推动军工企业参与融合发展；成立科学技术发展基金，为技术导向型企业提供高达 20 万美元的无息贷款，为参军企业提供科研项目金融支持；设立俄罗斯技术发展基金，为通信、计算机等高新技术产业提供融资帮助；国家提供订单担保，吸引民间资本向参军企业领域流入。但是俄罗斯的历史因素，造成本国融合发展财力不足，进一步影响了融合发展的质量。为了进一步促进金融资本向融合发展领域流入，提升本国融合发展质量，俄罗斯于 2012 年成立国防高级研究基金会，借鉴美国 DARPA 创新模式，整合国家科技力量资源。俄罗斯不断调整对军工行业的金融支持政策，目前已经基本形成金融支持多元化的趋势。

2017 年年底，俄国防部、科技部和原子能公司等机构共同商讨组建国防工业综合体相关事宜，各部门相继对下属军工企业"合并同类项"。2019 年 2 月，时任俄总理的梅德韦杰夫签署《国防工业国家发展计划》，明确提出 2027 年前，政府将拨款 750 亿卢布发展国防工业综合体，提高工业生产现代化水平。

按照计划，俄罗斯成立国家控股公司，采取股份制管理模式，将相关企业整合为大型联合企业，并设置相应科研组织、设计局和生产企业，分别负责理论研究、样品设计和定型产品批量生产。改革重组后，俄罗斯共登记各类国防工业综合体 61 个，下辖 771 个大型企业，实现了研发、生产和销售的聚能增效。根据计划，2027 年前，上述企业最终将合并为 40 个大型科研生产联盟。

美国与日本通过建立市场准入机制、出台相关法律，为参军民企提供了市场化环境，为社会资本进入军工市场提供了保障，实现了参军企业与资本市场的双赢；俄罗斯由于政府财政不足，融合发展以"军转民"为主，以此推动"民参军"的发展。这些国家支持"民参军"的发展模式为我们提供了丰富的经验。

近年来我国国防费用支出占政府财政支出的比例在下降，军工领域确立了"政府有效调控、社会资本参与、军民良性互动"的投融资体制。但是，一方面军工企业缺乏面向市场积极主动筹资的意识和行动；另一方面军品的垄断性极强，社会资本在参与机会、市场信息、政策帮助等方面缺乏支持机制，特别是缺乏投资、免税政策的支持，社会资本参与积极性不高，故资金短缺也是制约融合发展的重要因素。

(二) 融合发展中的要素配置理论

要素市场化配置理论认为，要素市场主要分为五个组成部分：土地、劳动力、资本、技术和数据。要素市场存在价格和市场化运行两个机制。一般来说，资本、劳动力、土地是传统要素，这类要素具有稀缺性，对社会生产能力扩大提升的制约性也较为明显；而技术、数据信息随着科技的发展和知识产权制度的建立也作为相对独立的要素纳入进来，这类"软要素"大大拓宽了生产的广度和深度，释放了生产潜力，其投入对传统生产要素进行渗透改造并使其不断释放新活力。完善要素市场化配置是建设统一开放、竞争有序市场体系的内在要求，是坚持和完善社会主义基本经济制度、加快完善社会主义市场经济体制的重要内容。

要素市场化改革既不是去政府化，也不是全面私有化，而是在坚持社会主义市场经济的基础上，坚持市场化改革方向。即坚持创新导向与问题导向相结合，用创新的意识、体制和方法解决现行要素市场化配置中存在的各种问题。

基于要素配置理论下的融合发展，其特点是产品定制化程度高，投资周期长以及回报具有不确定性，因此需要积极发挥要素市场化配置在融合发展中的作用。基于要素配置理论的融合发展如图 4-2 所示。

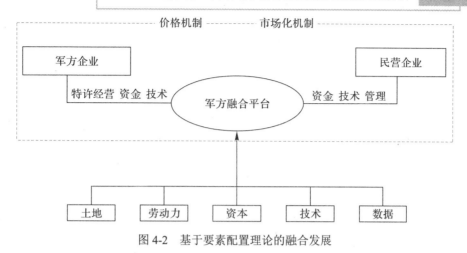

图 4-2　基于要素配置理论的融合发展

市场决定资源配置涉及两个系统：一是生产要素交易的前提应该是产权明晰，厘清生产要素的主体资格和产权归属。融合发展过程中，相关专利的产权归属、投资比例、利润分配、资本退出条件等问题都是需要厘清的问题。二是市场准入、企业退出、市场监管、竞争机制等市场管理和运行规则，这个系统决定了市场机制的有效运行。民间资本在参与融合发展过程中，涉及的准入门槛、税收等能否得到平等的待遇，技术成果是否共享等对于民营企业参与融合发展的积极性具有很大的决定作用。推动高端电子装备制造的市场化应用与军队应用，鼓励支持高端电子装备制造把握前沿趋势，以需求为先导，探索以要素市场化配置资源，促进技术、人才、资本互通，集中力量解决重大共性问题。此外，从劳动力要素的角度来看，在科技成果转化的过程中，应该让转化成果带来的收益与技术人员的利益挂钩，使技术人员的收益得到保障，调动技术人员对技术转化的积极性，极大地提高劳动生产率。

(三) 融合发展中的要素市场化配置

从中国国情出发，融合发展项目应当根据具体的情况选择投资和收益分配的方式，如图 4-3 所示。

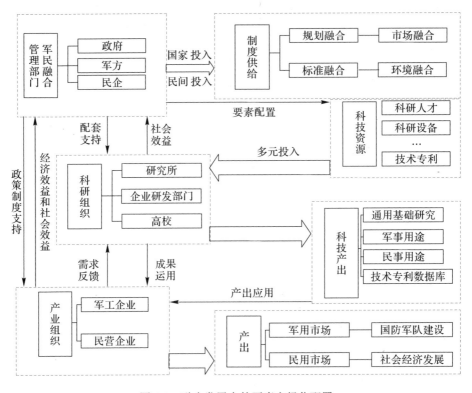

图 4-3   融合发展中的要素市场化配置

1. 国家投入

对于规模大、资金要求多、开发周期长、技术风险高的项目，需要由国家资金主导投入。应优化国防预算结构，提升国防预算资金使用效率，以国防预算促进融合发展深度发展。国防安全作为最典型但又是最特殊的公共产品，不应该仅仅考虑其经济利益，更多关注的应该是国防预算产生的社会效益，应对每一个可能产生的结果及其产生的社会效果予以关注，在融合发展过程中尤其应该关注每一个领域、每一个项目的效益，从而为最终实现军民一体化奠定基础。高端电子装备制造的主要特征为知识技术密集、处于价值链高端、具有高附加值、在产业链占据核心部位，其发展水平决定产业链的整体竞争力。例如，北斗卫星导航系统规模大、资金要求多、风险高，但是在国防民用两方面均有长足且广泛的需求，关键性的系统须由国家主导投入研发建设，民用企业根据市场需求充分开发相关应用，推动北斗导航系统的产业化发展，让军需与民用相互促进，形成良性循环发展。

2. 民间投入

对于规模较小、资金要求较少、开发周期较短、技术风险较低的项目，可以鼓励民间资本进入，并提供有效的退出机制。应大力引进风险投资基金、天使投资基金等社会资本，为融合发展产业中小型科技企业提供股权融资服务。应完善配套政策，简化审批手续，实行问责制，保持政策制定和实施的连续性和一致性，给民间资本一个平等的法律和政策环境。应发挥民间资本在军转民过程中的市场优势，补齐军转民过程中的市场短板，积极推动军工资产证券化(通过资产证券化实现并购整合，是世界军工企业强国的普遍做法)。应深入推进军工企业混合所有制改革，扩大军工投资的渠道和来源。例如，融合发展高端电子装备制造中的工业软件应该注重专业领域细分，不能盲目追求大而全，而应专注于产业链的某一环，真正实现以企业需求推动市场积极投资，军民共同参与研制，构建一套自主、安全、可控、强大的工业软件体系。

3. 多元投入

除了资金的投入，还需要充分考虑军民企业中人才、知识产权、信息等多种生产要素的市场化，合理分担风险，合理分配虚拟企业中各方的回报。多渠道了解技术项目在军民两用市场的需求和供给情况，举办技术交流会，聚集技术需求和供给项目，促进行业自由交流，让供需双方自主协商定价，推动技术要素定价市场化。完善技术价值评估体系，培育技术经纪人，提高技术定价人员的专业能力和素养，促进军民两用技术定价的市场化程度，推动技术产业化应用，维护知识产权收益。建立合作企业的技术数据库，依据数据库相关信息的收集，进行数据信息资源的合理化整合管理。积极建立两用技术市场化定价体系，加快实现技术成果转移转化；积极打造技术交易数据库，全方位服务军民两用技术成果转移转化；积极探索创新市场合作机制，助力融合发展特色产业发展。设立融合发展产业基金，政府带头投资，利用杠杆撬动更大的资金，制定人才引进的政策。

六、创新管理机制体制，发展融合产业集群

(一) 深度融合产业集群的经验

产业集群是指在特定区域或特定领域中，由具有竞争与合作关系，且在地理上集中，有交互关联性的企业、专业化供应商、服务供应商、金融机构、相关产业的厂商及其他相关机构等组成的群体。

融合发展产业集群可以将行业内的军民企业以及与这些企业互动关联的合作企业、专业化供应商、服务供应商、相关产业厂商和相关机构(如大学、科研机构、制定标准的机构等)聚集在某特定地域，超越一般产业范围，形成特定地理范围内多个产业相互融合、众多类型机构相互联结的共生体，以构成这一区域特色的竞争优势。

进入 21 世纪以来，知识和技术已经成为促进经济发展的主要因素。高科技产业的发展模式以集群化为主，美国的硅谷与波士顿 128号公路产业带、英国的剑桥科技园、日本的筑波科技城、我国的中关村等都是世界著名的高科技产业集群区。这些集群中汇聚了世界上绝大多数高科技产业中的重量级公司，孕育着改变世界的重要发明创造。

我国从 20 世纪 80 年代开始提出"863 计划""火炬计划"等科技计划，制定合理规划，促进我国科技的发展壮大。作为高科技产业发展主要途径之一的高科技产业集群，也在很早就被注意到，并被吸收借鉴，成为我国推动高科技产业发展的主要方式。从那时起，我国就通过建立高新科技园区来促进高科技产业发展。

不同的高端电子装备制造业在产业聚集方面的情况也不尽相同。例如，我国集成电路产业主要分布在京津环渤海湾地区、长三角、珠三角等三大地区，合计销售收入占产业规模的 90%以上。近年来，

西安、武汉、合肥、成都等中西部地区重点城市，在国家及地方的政策优惠和资金支持下，也逐渐形成了各自的产业集聚，福州、厦门、泉州也由于生产线的建设正在逐渐形成新的产业集群。

我国集成电路产业规模最大的是长三角地区，其中的江苏和上海是我国最大的集成电路产业聚集地，其次为珠三角地区，以深圳为代表的设计业发展迅速。以武汉、西安、合肥、成都等中心城市为主的中西部地区，近年来在武汉长江存储、西安三星、合肥睿力等多条生产线建设/扩产的带动下，集成电路产业得到快速发展。京津环渤海湾地区以北京为代表，在芯片设计、制造、装备领域都很突出。从区域分布总体来看，我国集成电路产业在长三角地区较为集中，其他地区正在向着比较均衡的方向发展。

可以看出，我国一些高端电子装备制造业已经形成了区域聚集的局面，在此基础上发展融合发展创新基地将具备可行性。但同时也要看到，我国融合发展产业集群的发展还不够完善，军民企业专业化、网络化程度不高，企业间的合作水平低，知识的溢出效应不明显。

美国制造业领先全球在很大程度上得益于其数量众多的高水平产业集群。为促进集群发展，美国政府联合州政府、企业、科研院所、行业协会、投资机构等各类主体，从政策、资金、机制、平台等多个方面形成完整的工作体系，助推先进制造业集群占领全球产业发展的制高点。

美国产业集群发展具有将区域优势作为集群发展的基础，以产学研协同创新为集群发展动力和以"市场+政府+中介组织"通力合作为集群治理架构等主要特点。

1. 将区域优势作为集群发展的基础

美国产业集群在布局上与自然资源及人文特色相耦合，地方的要素禀赋、交通区位、科研机构密度及研发实力等优势促成了产业的最初形成。伴随着集群的发展，相应的技术、资本、人才和产业进一步聚集。例如，加利福尼亚州凭借其区域内的斯坦福大学、加州理工学院等高校在计算机信息技术开发方面的优势，形成了以信息技术、互联网服务、软件开发为主的产业集群。再如，休斯敦石化集群，其所在的墨西哥湾畔丰富的石油储量和出色的交通区位带动了石油开采、加工等下游产业成长，促进了石油机械、冶金、造船、运输、贸易、金融等行业，以及人才和商业资本的进一步集聚和发展。

2. 以产、学、研协同创新为集群发展动力

产业链和创新链协同是美国产业集群保持创新的重要驱动力。例如，硅谷高新技术产业集群，一方面以斯坦福大学研究所为先导，创立了第一批信息技术创业公司，吸引了众多老牌公司如西屋、瑞森、IBM 等在该地建立研究中心；另一方面集群内大量的中小企业间彼此配合、整合资源、互相外包，在保障创意和构思可及时变成产品的同时，也促进了企业间创新思想的快速交流。

3. 以"市场+政府+中介组织"通力合作为集群治理架构

美国产业集群的发展离不开政府、市场和第三方中介机构的通力合作。例如，在产业集群标准制定、市场秩序维护、贸易摩擦解决和品牌建设等方面，伊利诺伊州的许多商业组织发挥了独特作用，不仅赞助技术研究机构、收集产业信息为集群企业提供创新源头，而且还帮助其开拓市场、争取产业政策，在政府和企业之间起到了桥梁和纽带作用。

虽然美国的国情与中国不同，但从产业结构和产品结构的角度看，融合发展产业集群实际上是装备的加工深度和产业链的延伸，从一定意义上讲，是融合发展产业结构的调整和优化升级。

从融合发展产业组织的角度看，产业集群实际上是在一定区域内某个核心军工企业的纵向一体化发展。产业集群的核心是在一定空间范围内产业的高度集中，这有利于降低军民企业的制度成本(包括生产成本、交换成本)，提高规模经济效益和范围经济效益，提高产业和企业的市场竞争力。

从融合发展产业集群的微观层次分析，即从单个军企或民企的角度分析，企业通过纵向一体化，可以用费用较低的企业内交易替代费用较高的市场交易，达到降低交易成本的目的；通过纵向一体化，可以增强军民企业生产和销售的稳定性；通过纵向一体化，可以提高军民企业对市场信息的灵敏度；通过纵向一体化，可以使军民企业走上技术创新的道路。

(二) 基于虚拟企业理论的组织管理

以项目为目标建立多实体联合的虚拟企业，通过工业互联网、企业联盟等技术和人员组织形式，发挥不同机构的优势，构建"设计 — 制造 — 应用"协调管理的虚拟组织。

1. 虚拟组织的概念和特征

虚拟组织是在企业之间以市场为导向建立的动态联盟，它能够充分利用整个社会的制造资源，从而在激烈的市场竞争中站稳脚跟、赢得优势。虚拟组织的内涵和外延可以从不同角度定义。归纳和概括近年来各方面的观点可以得出虚拟组织的基本特征：

(1) 虚拟组织的成员必须拥有并提供其核心的能力或资源；

(2) 虚拟组织的成员有多种形式，可以是不同的组织机构，也可以是不同组织机构中的部门或者个人，它们在法律上是相互独立的个体；

(3) 虚拟组织的成员分布在不同的地理位置，依靠现代的网络通信技术完成构建；

(4) 虚拟组织以某个项目或者工程为核心进行组建，成员之间没有永久的相互约束关系。

由于虚拟组织实现了组织结构的虚拟化、工作流程的模块化、管理模式的扁平化和资源选择的外部化，因而具有灵活性、敏捷性、便利性和低成本性的优点，近年来在信息服务领域得到了广泛的重视。

2. 融合发展的虚拟组织模式

根据虚拟组织的特征，在虚拟企业管理上需要构建"设计 — 制造 — 应用"的协调管理模式。

融合发展虚拟组织采用"设计 — 制造 — 应用"协调管理的组织结构模式(如图 4-4 所示)，即以项目为目标建立多实体联合的虚拟组织，通过工业互联网、企业联盟等技术和人员组织形式，发挥不同机构的优势，使虚拟组织成为一个高效率的系统；以传统的实体组织的形式构建平台管理机构，负责项目的建设及运行等的日常事务性工作，从而保证融合发展项目的有效管理和持久运行；以虚拟组织的形式构建各个项目部门，有效集成来自不同军民企业的人才、技术、资本、服务，以满足组织结构的扁平性、动态性以及平等性等需求。

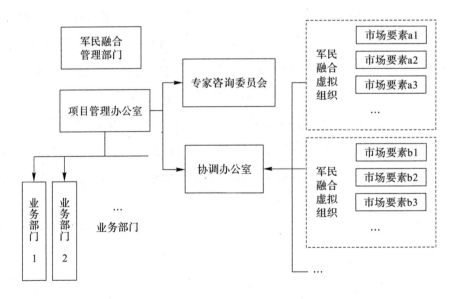

图 4-4　融合发展虚拟组织的组织结构模式

在虚拟组织的管理中，要特别重视应用环节，要求军民用户单位早期介入，这样才能为项目最终转换为高端制造的生产力打好基础。

3. 融合发展中企业的选择

根据军委装备发展部拟制的《推进装备领域军民融合发展深度发展的思路举措》，选择融合发展中企业的思路和举措是：降低准入门槛、完善信息交互、培育竞争环境、强化监督管理，从资质、规模、研发能力、业绩等方面建立指标体系和成熟度模型，通过客观评价和综合论证选择具备融合发展基础和能力的承建单位与协作单位。

4. 融合发展虚拟组织的协调机制

虚拟组织中的军民企业选择关系到整个虚拟组织的成功与否。多学科的融合发展项目是一项复杂的系统工程，军民企业在技术标准、数据格式、服务方式等方面都存在很大差异。在融合发展的虚拟组织中必须有一个核心成员负责协调和组织，才能保证项目工作的顺利进行。根据融合发展的实际需求，我们构建了融合发展虚拟组织的协调机制，如图 4-5 所示。

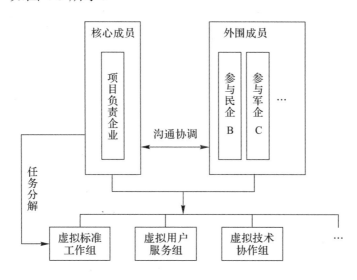

图 4-5　融合发展虚拟组织的协调机制

核心成员的职责包括整合各成员的资源，即组织、管理和协调虚拟组织和项目的各项工作。外围成员作为虚拟组织的资源点，分别发挥军企、民企的资源优势，同时接受核心成员的统一资源调配。

根据融合发展的任务需求，由核心成员联合军民企业成员组建虚拟工作组，完成虚拟组织的各项工作。虚拟工作组具有动态性和临时性，随着融合发展需求的变化，可以随时重新组织，从而保证虚拟组织的柔性和适应性。

(三) 融合发展产业集群的保障

一是政策保障，即制定完善具体的融合发展产业集群发展政策体系。在推动产业集群发展方面出台一系列政策，对产业集群进行跟踪研究，并适时提出政策援助建议，包括实行发展激励、完善公共服务体系等。分析融合发展产业集群形成和发展的内在规律，从专业化分工和市场细分中寻找机遇，充分考虑其产业生命周期，制定好集群培育政策的阶段性目标。研究出台与融合发展产业集群发展密切相关的科技政策、支持中小民参军企业发展的政策，促进融合发展集群的健康发展。

二是组织保障，即整合区域优势机构，推动融合发展创新基地的产业集群高质量发展。地方政府可在现有工业园区管委会、产业协会的基础上，引导军民企业、金融机构、科研机构和教育培训机构加入融合发展创新基地，联合成立可促进集群企业间联结、加深技术创新合作和信息沟通交流，以及增强集体行动效率的集群组织管理机构。通过多组织参与建立的创新基地组织管理机构，促进集群成员建立起在技术、产品、业务创新方面的网络，避免军民企业出现资源配置不当、过度竞争以及决策失误等问题。

三是协同保障，即整合产业链优势，建立融合发展虚拟企业，优化集群效率和协同能力。当前，我国大量产业集聚区发展迅速，但其内部企业缺乏聚合效应，仅表现为空间上的集聚。其重要原因之一就是缺乏多方参与构成的有效集群组织、管理机构。为此，可研究构建

"1+N"融合发展产业集群协作机制。例如在"民参军"方面，为整合资源，消除部门壁垒，多角度、多途径推进融合发展产业集群建设，可以建立由一个核心军企主导、多个民企参与的"1+N"协作机制，在此基础上，构建以军企为核心的虚拟企业，进一步促进军民企业的深度融合。

四是资金保障，即利用财政金融手段支持融合发展产业集群创新。在支持产业集群发展过程中，可以采取财政金融支持手段，大力支持军民科研机构技术研发、战略产品市场开拓和集群组织机构发展。资助集群组织机构，为集群内的小企业提供创业导师和咨询服务。积极引导金融资本流向融合发展产业集群内的小型民企。可以设立"种子基金"项目，推动军民科研机构、创投公司、地区经济开发机构和非营利机构等成立集群投资基金，对集群内的高成长、初创型企业进行股权投资，有效营造集群创新创业氛围。

第五章

思 考 与 展 望

通过概念界定、内涵分析,本书对高端电子装备的定义、作用、意义进行了阐述,对全球发达国家在发展高端电子装备历史进程中的成功经验和融合发展的举措做了总结,进而针对我国高端电子装备制造的现状与问题深入进行了案例调研、原因剖析,明晰了突破自主核心技术的技术瓶颈,在芯片制造、高端工业软件、新体制雷达、高性能计算机、北斗导航等典型电子装备制造中,加强融合发展,加快制造智能化的转型升级,以及对自主跨越发展短板与不足等问题的成因做了深入分析。

一、思 考

思考之一:全球工业化历史进程中,电子装备发挥着不可替代的引领和辐射作用,智能化融合是高端电子装备制造占据先机和取得成功的重要路径之一。

世界发达国家的工业化,经历了从机械时代、电气时代到信息时代、智能时代的演进,工业制造以工具、装备、生产资料、生活用品等为主,在机械制造、电气制造、电子制造、智能制造的不同发展阶段,电子装备制造发挥着承上启下的重要作用,是工业 3.0、4.0 的关键承接点。通信装备、网络装备、导航定位装备、探测感知装备、高性能计算装备等高端电子装备的诞生和发展,为开创信息时代、迈向智能时代奠定了坚实基础。

通信装备的发展，使信息的传输、接收、处理等能力不断增强，人类社会步入信息时代，生产、生活的节奏和效率大大加快，科技、产业、市场掀起了前所未有的信息化浪潮；网络装备支持下的工业生产和社会生活，带来了方便、快捷、立体、泛在的显著变化，颠覆着工业 1.0、2.0 时代的传统模式；雷达的诞生，使防空预警、气象预报、空间探测感知、武器精准打击等能力大大增强，并随着无人驾驶、勘察勘测、太空探测、航空航天等不断发展的新需求，让先进雷达在军民两用领域的应用大为拓展，成为智能化时代发展的关键装备；高性能计算为大数据时代的战争模拟、灾害预测、云制造、数据处理以及金融商业、人工智能、社会生活等提供了强大支撑，成为国家战略发展的制高点之一。发达国家通过融合发展的有效实施，一方面不断提升军用电子装备制造的性能和水平，打造尖端的武器装备系统，抢占了信息时代装备制造的发展先机；另一方面以军民两用技术、融合发展产业并行的发展模式，实现了性能与质量、成本与效益等多方面的互利双赢，在技术、产业、资本、市场等多要素的协同发展模式下，取得了高端电子装备制造融合发展双向发展的成功！

纵观 20 世纪末到 21 世纪初电子装备制造的发展，无论是高精尖的军用武器装备系统，还是广泛应用于生产生活的大量电子装备、消费产品，都彰显出电子信息技术飞速发展所带来的鲜明趋势，而全球信息化成为引领工业化的排头兵，电子装备制造也成为工业装备制造中最富潜力、最具活力的典型装备，广泛地渗透、辐射到工业制造、社会生活的角角落落，推动和引领着全球工业制造的前沿发展。

思考之二：我国高端电子装备制造从仿制、引进、消化、吸收到自主创新，积累了一定的基础，突破瓶颈、转型升级、自主跨越是当务之急。

自改革开放以来，我国电子信息技术的高速发展仅仅经历了 30多年时间，与美国等全球制造强国在工业化 100 多年以上的深厚积淀、持续创新相比，有着先天的差距。但是，我国高端电子装备的制造却从一开始的仿制学习，逐步拓展到引进、消化、吸收的借鉴跟踪，自主创新、大胆创造的步伐从未停止过。例如，我国先进雷达制造技术等美国禁运的军用技术，就是在技术封锁的情况下自主研发实现突破的；国产计算机从微型机、中小型机到今天的超级计算机，也是在不断学习借鉴、自主探索的道路上一路前行的；在通信装备、网络装备制造以及芯片制造的封装测试等方面的发展上，取得了具有中国特色的建设成就，为国家工业制造 2.0、3.0、4.0 的并行迭代打下了坚实基础，做出了突出贡献。

经过 30 多年的学习、开放、跟踪、发展，我国高端电子装备制造积累了一定的基础，也在自主制造方面探索了许多经验，取得了令人瞩目的显著进展，市场规模、行业应用、发展前景不断迈上新的台阶，进入从跟跑、并跑到领跑的跨越式发展阶段。然而，由于我国工业基础相对薄弱、自主研发创新不足、产业发展协同欠缺、战略定力坚持不够，在高端电子装备制造更新快、周期短、竞争强、投入大的发展趋势下，高性能芯片、高端工业软件、核心元器件、关键基础件、先进电子功能材料、传感器等对外依赖度较高，严重制约着我国高端电子装备制造的自主跨越发展。特别是在美国发起贸易战、破坏全球供应链、实施单边保护主义的情况下，造成了高端电子装备制造中的"卡脖子"问题。我国亟待通过自主创新打破外部制约，实现自主核心技术的重大突破，全面提升高端电子装备制造的水平和实力，为制造业数字化、网络化、智能化发展提供强劲引擎，推进制造强国战略的顺利实现。

为此，我国急需打破传统制造模式中各自为战、军民分立、行业垄断的状况，大力推进融合发展、高端电子装备制造的集成攻坚，特别是高端电子装备在数字化、网络化、智能化方面的自主创新融合，不仅着手抓好关键装备的自主可控替代工作，更要从系统设计、整体发展的角度出发，从军用和民用一体化的需求考虑，结合我国工业制造机械化、电气化、自动化发展的实际，以高端电子装备自主制造、升级跨越为突破，引领高端装备制造、战略性新兴产业发展、颠覆性技术产业布局等重大战略方向，在突破短板、快速转型、迭代升级、自主跨越上加快奋进步伐。

思考之三：高端电子装备制造在设计、制造、测试等主要环节上息息相关、环环相扣，自主跨越急需解决核心技术、关键材料、制造装备、加工工艺等诸多问题。

高端电子装备制造是工业制造数字化、网络化、智能化的关键，是电子信息技术、智能科学技术与材料、装备、工艺等制造要素紧密融合、一体发展的载体。高端电子装备制造，在设计、制造、测试等主要环节上，具有不同于传统工业制造的鲜明特点，对系统设计、关键材料、制造装备、加工工艺等具有复杂性、精密性、融合化、知识性的特殊要求。例如，复杂系统的机电光热一体化多物理场耦合设计、高纯度硅及宽禁带半导体材料、光刻机/刻蚀机/离子注入机等芯片制造装备、复杂结构/复杂型面的雷达 T/R 组件制造、天线结构与功能先进设计与制造、高性能计算机硬件/软件、知识型工业软件等，以及电气互联、精密超精密加工、高密度封装、热设计与热管理等，不仅在局部模块、功能器件、基础件等基本制造要素上要求严格，更在协同设计、系统功能、整机制造、精密加工、软件支撑、人机系统等方面具有高水平、高质量的制造规范，体现了工业制造 3.0、4.0 的精密化、自动化、智能化特征，是工业制造的高级发展样态。同时，其设计、制造、测试的各个环节息息相关、环环相扣，装备制造的水平、产品质量的保障，与各道工序、各个环节紧密相关，是一个全链条的系统制造过程。

因此，我国高端电子装备制造要实现全面的自主跨越，就必须立足数字化、网络化、智能化制造的高起点，着力解决好先进设计、关键材料、制造装备、加工工艺等诸多方面的问题。例如，芯片制造中的 EDA 设计软件、制造材料(硅片、光刻胶、掩膜板和电子特种气体等)以及晶圆代工、电子封测等加工工艺，是一个过程复杂、因素众多、产业巨大、链条延展的系统工程，要全面推进自主制造的高端跨越，就必须在自主核心技术、关键制造装备、精密加工工艺等主要矛盾的各个方面，实现重大突破。又如，知识型工业软件的发展，必须要推动原型自主工业软件的工程化和市场推广，将技术突破、产业发展与工业制造实践中的知识积累、经验提炼、数据挖掘、模型构建等深度融合，通过"研发+市场+人才"的模式，进一步做大做强自主工业软件。再如，先进雷达、高性能计算机和卫星导航装备的自主研发制造，需要打通融合发展的机制路径，在核心元器件、高端软件、关键零部件以及制造加工工艺技术等方面，实现军民共用技术、融合发展应用、市场需求拓展等方面的共享、协同，大力推进智能化制造的创新能力，从而通过融合发展、智能制造的途径和方式，提升我国高端电子装备的自主制造综合实力。

思考之四：高端电子装备制造急需打通融合壁垒、行业壁垒，搭建共享、系统平台，构建联合协作机制，加强技术、产业、资本、人才、文化等多要素之间的综合协同。

我国电子装备制造急需突破高端瓶颈、解决"卡脖子"难题，但在核心技术与产业发展上存在短板，制造基础薄弱、技术积累不足，成为制约自主发展的第一个问题。融合发展的管理体制落后、配套关系固化，则是造成难以融合的客观历史原因，从而导致我们在推进机制创新的关键抓手上落地不够、打破分立壁垒上存在障碍偏多。例如，我国在融合发展标准、两用技术研发、共性技术突破、人才与基地共享等方面，均存在一定的差距和不足，成为打通融合发展的关键制约点，没有形成"成果研制—产品制造—市场推广"顺畅、紧密的衔接关系，制约着融合发展的创新发展。

为此，我国应当强化"军转民""民参军""融合发展"创新机制的构建，以高端电子装备自主制造的需求为牵引，全面制定和完善融合发展的标准体系，加大军民两用技术的研发和投入，搭建起军地学术交流、技术两用、人才共享的平台，拓展技术创新、产业发展、资本运作等方面的综合途径，浓郁融合发展的工业文化，增强发展软实力，以全要素配置、知识化提升、资源性共享等举措，提升我国高端电子装备制造的融合发展层次，大力推进制造的智能化发展，弥补设计、制造中的不足,推动高端电子装备制造融合发展向战略纵深迈进。

思考之五:新时代中国特色社会主义的制造强国战略建设,需要以高端电子装备自主制造的重大跨越为突破,全面提升先进制造水平和工业制造综合实力。

工业制造是国家实体经济的命脉,高端装备制造是军事综合实力和国民经济发展的基石。在全球新一轮科技与产业革命到来之际,国家装备整体制造的水平和实力,成为综合国力竞争的焦点。数字化、网络化、智能化的发展趋势,为高端装备制造的未来勾画了蓝图,而构成数字化、网络化、智能化的关键,就是以高端电子装备为核心的软硬件一体化的智能装备,这是发展工业 4.0 的重要基础和前提,发挥着关键枢纽作用。

建设新时代中国特色社会主义现代化强国,必须大力推进制造强国战略的实施,而首当其冲就是要突破高端电子装备制造的关键瓶颈,实现自主制造的重大跨越,以此为核心,全面提升我国工业制造的自动化、智能化水平,增强面向未来装备制造的自主能力,提高先进制造的水平和质量,从整体上推进国家制造的创新发展。

二、展望

展望之一:战略层面,宜实施国家"电子制造强基工程"。

高端电子装备制造已经成为我国工业制造突破瓶颈、转型升级、迭代发展的关键枢纽,迫切需要从系统工程的发展高度出发,在已有战略的基础上,进一步夯实电子制造的基础研究和应用研制,通过加强制造基础,以需求为导向、以问题为牵引,为实现高端电子装备制造基础原理和基本应用的突破努力,与国家人工智能规划、新基建规划相匹配,进而全面提升我国工业制造 3.0、4.0 的工业智能化发展能力。

为此,面向"十四五"建设、2035 年国家中长期战略发展,我国不仅应大力推进制造强国战略、振兴战略性新兴产业、建设国家制造业创新中心、突破集成电路产业发展瓶颈、布局人工智能前沿领域、实施"新基建"，更要聚焦"卡脖子"难题的整体解决，从高端电子装备制造的设计、材料、装备、制造、工艺、测试等主要环节和要素入手，强化高端电子装备制造全流程各个环节要素背后的一般性基础理论探索和研究。首先从基础理论和一般性理论原理层面实现"0 到 1"的突破，在此基础上应用基础理论原创性的突破成果指导制造过程的工艺、技术和制造装备的优化升级和更新换代，进一步全面布局、引领、支撑我国工业制造智能化发展的长远战略建设。

展望之二：策略层面，宜推进国家"先进制造深度融合机制改革"。

先进制造的发展，离不开制造要素的全方位融合、制造环节的全体系链接。技术研发、装备制造、产业发展具有内在的协同需求和联络机理，机制的综合改革是促进先进制造特别是高端电子装备制造的必需策略，推行"先进制造深度融合机制改革"势在必行。

为此，我国应该积极推进高端电子装备制造智能化的融合发展，以军带民、民参军，双向循环、良性发展；同时，加快电子装备制造的产业融合，打通行业壁垒，进一步发挥通用共性技术、电子智能装备对传统工业制造的辐射、提升功能，增强我国工业制造在新一轮科技革命与产业变革中的发展潜力和实力。

展望之三：举措层面，宜做好研发、投入、行业、区域等方面的政策引导统筹、人才激励举措、知识产权保护等工作。

技术研发是制造的前提，资金投入是制造的保障，行业需求是制造的牵引，区域协同是体系的需要。为了进一步推动高端电子装备制造在自主跨越上的突破，我国应当着力做好政策引导统筹，通过政策举措的无形之手，解决技术、市场、行业、区域的协同问题。

(1) 加强自主技术研发攻坚。我国应围绕复杂系统设计、高端工业软件工程化推广、高精密传感器自主制造、控制系统自主研发、关键元器件与测试装备自主突破等核心技术问题，开展基础性、前沿性、关键性的研发攻坚，加大研发投入，早日破解难题。

(2) 拓展投资融资多元渠道。我国应根据技术研发与产业发展的需要，加强先进技术研发与产品装备制造的紧密衔接，积极拓展多元投资、融资渠道，出台财税、知识产权、基金等方面的激励政策，按照工程化、市场化的发展规律，加大自主制造的推进力度。

(3) 强化行业区域整体协同。我国应按照高端电子装备制造自身的发展规律，做好行业之间、区域之间的整体协同，避免一拥而上、重复建设，做好系统规划，把准行业定位，解决共性问题，实现协同发展。

(4) 实施拔尖人才激励政策。我国应借鉴高新技术产业发展的人才聚集现象，针对"卡脖子"难题，采用项目需求招标形式推进军地两用人才激励举措，试点建设"拔尖人才跨行业、跨军地"选拔使用机制，给予政策灵活、待遇优厚、兼职兼薪的举措支持，推动拔尖人才在解决国家重大科技需求方面的共有、共享机制建设，放宽政策限制尺度，鼓励拔尖人才为解决国家重大科技需求积极出击、破解难题。

(5) 出台知识产权保护法规。我国应更加重视产权和知识产权的保护，并推动人才、资金(政府资金、信用资金和社会各类资金)、技术设备等要素在军用企业和民用企业之间合理流动;通过制定规范的知识产权保护法律法规，确保人才、资金和技术投入能够在高端电子装备发展过程中得到具体的收益体现和利益回报，促进人才培育、基础理论原理研究、高端技术迭代呈现良性循环发展。

参 考 文 献

[1] 江泽民. 新时期我国信息技术产业的发展[J]. 上海交通大学学报，2008，42(10).

[2] 周济. 面向新一代智能制造的人-信息-物理系统(HCPS)[R]. 机械工程导报，2019，(4).

[3] 段宝岩. 电子装备机电耦合理论、方法及应用[M]. 北京：科学出版社，2011.

[4] 李耀平，秦明，段宝岩. 高端电子装备制造的前瞻与探索[M]. 西安：西安电子科技大学出版社，2017.

[5] 中国信息与电子工程科技发展战略研究中心. 中国电子信息工程科技发展研究(综合篇)[M]. 北京：科学出版社，2017.

[6] 卢秉恒. 高端装备制造业发展重大行动计划研究[M]. 北京：科学出版社，2019.

[7] 李伯虎，柴旭东，侯宝存，等. "互联网+智能制造"新兴产业发展行动计划研究[M]. 北京：科学出版社，2019.

[8] 中国电子技术标准化研究院. 智能制造标准化[M]. 北京：清华大学出版社，2019.

[9] 王鹏. 2017—2018 年中国智能制造发展蓝皮书[M]. 北京：人民出版社，2018.

[10] "中国工程科技 2035 发展战略研究"项目组. 中国工程科技 2035 发展战略[M]. 北京：科学出版社，2019.

[11] 潘巍，谷文飞，秦长路. 卫星导航技术专题讲座(二)第 4 讲：国外导航卫星系统概况及其最新进展[J]. 军事通信技术，2009，30(4)：98-102.

[12] 闵钢. 2017 年中国电子信息产业总体情况及发展趋势[J]. 集成电路应用，2018，35(10)：6-9.

[13] 张玉春，马军. 区域工业结构升级理论与实证研究[M]. 兰州：兰州大学出版社，2009.

[14] 刘大炜，汤立民. 国产高档数控机床的发展现状及展望[J]. 航空制造技术，2014，447(3)：40-43.

[15] 中良. 数字化工厂里要求的汽车装备：从数控机床专项谈起[J]. 汽车工艺师，2017(9)：11-13.

[16] 马广林. 面向产品全生命周期的配置设计技术及系统研究[D]. 杭州：浙江大学，2006.

[17] 李万. 加快形成掌控核"芯"技术的大国创新生态系统[N]. 学习时报，2018-05-09(006).

[18] 张育润，岳高峰. 我国军民融合标准化发展探析[J]. 标准科学，2018(2)：49-52.

[19] 麦绿波. 标准的军民通用关系研究[J]. 中国标准化，2013(2)：51-56.

[20] 孟凡萍，蒋立新. 推进军民标准通用　实现军民融合式发展[J]. 中国经贸导刊，2014(12)：71-73.

[21] 胡峻，胡智先. 推进航空保障设备军民融合创新发展的思考[C]//中国航空航天工具协会，中国航空学会航空维修工程专业分会. 航空保障设备发展：2017 年首届航空保障设备发展论坛论文集. 航空工业出版社，2017：68-72.

[22] 宋文文. 美国推动军民两用技术转移的主要做法及启示[J]. 军民两用技术与产品，2018(15)：44-48.

[23] 朱虹，咸奎桐，杨天，等. 先进国家标准化军民融合发展启示[J]. 标准科学，2019，538(3)：75-80.

[24] 李留英. 2015 年《美国国防部网络战略》浅析及思考[J]. 网络安全技术与应用，2015(11)：126-127，129.

[25] 韩鸿硕. 国外军民两用技术的发展概况[J]. 航天技术与民品，1997(8)：15-18.

[26] 刘德峰. 军民融合的国防科技工业政府管理研究[D]. 成都：电子科技大学，2011.

[27] 王军华，黄春荣，谭清美. 军民融合技术标准互操作性实施研究[J]. 北京理工大学学报(社会科学版)，2020，22(4)：108-115.

[28] 张晓娟，张梦田. 西方国家政府信息资源互操作性标准体系研究[J]. 情报资料工作，2015(3)：42-48.

[29] 杨威，马子健，谭茂鑫. 我国北斗卫星导航军民融合发展分析[J]. 中国经贸导刊，2018(12)：64-67.

[30] 田苗. 军民融合视角下渭南市装备制造业发展及振兴路径探究[J]. 经济研究导刊，2017(29)：62-63.

[31] 郭晓林. 产业共性技术创新体系及共享机制研究[D]. 武汉：华中科技大学，2006.

[32] 傅翠晓. 国内外集成电路装备现状分析[J]. 新材料产业，2019(10)：13-16.

[33] 王云侯. 中国工业软件发展现状与趋势[J]. 中国工业评论，2018(2)：58-63.

[34] 张帆，杨越，曾立. 新兴领域知识流动与军民融合发展机理研究[J]. 国防科技，2019，40(5)：55-64.

[35] 李响，郑绍钰，谷鑫. 军民融合产业集群创新网络知识流动研究[J]. 经济论坛，2016(10)：85-87，108.

[36] 鲍景新，朱礼军. 科技信息服务助推中国特色军民融合深度发展研究[J]. 情报工程，2018，4(4)：112-120.

[37] 赖婷，李秋实，张宗法. 国内外科技军民融合经验及对广东的启示[J]. 科技创新发展战略研究，2017，1(2)：29-34.

[38] 邱尔妮. 军民两用技术推广的战略能力形成机理与测评研究[D]. 哈尔滨：哈尔滨工程大学，2015.

[39] 杨瑞秋，施卫华，罗彬. 高端制造业：大国的角力场[J]. 广东经济，2014(9)：24-27.

[40] 李文经，史澜. 用税收优惠促进军民融合产业发展探讨[J]. 行政事业资产与财务，2013(16)：8-9，34.

[41] 过江鸿，马婕. 我国军工企业股权改革现状与对策[J]. 中国经贸导刊，2010(14)：55.

[42]　李增仁. 国防工业与国民经济的相关性研究[D]. 长春：吉林财经大学，
　　　 2010.

[43]　高哲. 我国军工企业转轨路径依赖问题研究[D]. 长沙：国防科技大学，
　　　 2006.

[44]　张笑. 国外军民两用高新技术产业化走势[J]. 中国军转民，2005(4)：
　　　 66-69.

[45]　戴琼洁，温浩宇，张薇. 虚实结合的地方科学数据共享组织结构模型设
　　　 计[J]. 情报杂志，2011，30(2)：181-183.

[46]　"中国工程科技 2035 发展战略研究"项目组. 中国工程科技 2035 发展
　　　 战略：信息与电子领域报告[M]. 北京：科学出版社，2019.

[47]　"中国工程科技 2035 发展战略研究"项目组. 中国工程科技 2035 发展
　　　 战略：技术预见报告[M]. 北京：科学出版社，2019.

[48]　李晓松，吕彬，肖振华. 军民融合式武器装备科研生产体系评价[M]. 北
　　　 京：国防工业出版社，2014.

[49]　工程科技颠覆性技术战略研究项目组. 工程科技颠覆性技术发展展望
　　　 2019[M]. 北京：科学出版社，2020.

[50]　彭瑜，王健，刘亚威. 智慧工厂：中国制造业探索实践[M]. 北京：机械
　　　 工业出版社，2016.

[51]　李璐，梁新. 军民融合发展历史经验研究[M]. 北京：中国财政经济出版
　　　 社，2019.

[52]　中国信息与电子工程科技发展战略研究中心. 中国电子信息工程科技发
　　　 展研究(综合篇 2020 — 2021)[M]. 北京：科学出版社，2021.

[53]　中国电子信息产业发展研究院. 2018 — 2019 年中国制造业创新中心建
　　　 设蓝皮书[M]. 北京：电子工业出版社，2019.

[54]　中国信息与电子工程科技发展战略研究中心. 中国电子信息工程科技发
　　　 展研究(综合篇 2018 — 2019)[M]. 北京：科学出版社，2019.

[55]　孙力，王莺. 新时代军民融合发展战略研究[M]. 北京：人民出版社，2019.

[56]　阮汝祥. 中国特色军民融合理论与实践[M]. 北京：中国宇航出版社，
　　　 2009.

[57] 中国电子信息产业发展研究院. 2017 — 2018 年中国集成电路产业发展蓝皮书[M]. 北京：人民出版社，2018.

[58] 王荔雯. 移动互联网时代高校教育管理模式改革与实践研究[M]. 北京：中国原子能出版社，2019.

[59] 陈希. 互联网环境下媒体经营管理研究[M]. 成都：电子科技大学出版社，2018.

[60] 中国电子信息产业发展研究院. 2018 — 2019 年中国半导体产业发展蓝皮书[M]. 北京：电子工业出版社，2019.

[61] 中国工程科技发展战略研究院.2020 中国战略性新兴产业发展报告[M]. 北京：科学出版社，2019.

[62] 吕彬，李晓松，姬鹏宏. 西方国家军民融合发展道路研究[M]. 北京：国防工业出版社，2015.

[63] 张聪群. 产业集群升级研究[M]. 北京：经济科学出版社，2011.

[64] 李纪珍. 产业共性技术供给体系[M]. 北京：中国金融出版社，2004.

[65] 中国电子信息产业发展研究院. 2019 — 2020 年中国半导体产业发展蓝皮书[M]. 北京：电子工业出版社，2020.

[66] 中国国防科技信息中心. 世界武器装备与军事技术年度发展报告2014[M]. 北京：国防工业出版社，2015.

[67] 黄朝峰. 国防科技创新[M]. 北京：经济管理出版社，2018.

[68] 中国电子信息产业发展研究院. 2017 — 2018 年中国电子信息产业发展蓝皮书[M]. 北京：人民出版社，2018.

[69] 中国信息协会质量分会. 信息化管理人员培训通用教程[M]. 北京：知识产权出版社，2017.

[70] 薛睿，赵旦峰，孙岩博. 多波段卫星导航信号设计理论与关键技术[M]. 北京：电子工业出版社，2020.

[71] 陈琢. 互联网时代党的群众工作问题研究[M]. 长春：吉林人民出版社，2017.

[72] 中国科协智能制造学会联合体. 中国智能制造重点领域发展报告2018[M]. 北京：机械工业出版社，2019.

[73] 顾祎，汪普庆. 借鉴创新与武汉机器人产业发展研究[M]. 武汉：武汉理工大学出版社，2020.

[74] 中国社会科学院工业经济研究所. 2017 中国工业发展报告：面向新时代的实体经济[M]. 北京：经济管理出版社，2017.

[75] 霍国庆，李燕，王少永，等. 我国战略性新兴产业评价与模式研究[M]. 北京：经济科学出版社，2019.

[76] 冯光福. 管理学基础[M]. 北京：化学工业出版社，2005.

[77] 高红岩. 战略管理学[M]. 2 版. 北京：清华大学出版社，2012.

[78] 邹统钎，周三多. 战略管理思想史[M]. 天津：南开大学出版社，2011.

[79] 孙凝晖，谭光明. 高性能计算机发展与政策[J]. 中国科学院院刊，2019，34(16)：609-616.

[80] 张迪. 我国标准化军民融合发展研究与展望[J]. 中国军转民，2020(4)：35-37.

[81] 郭晓林，鲁耀斌，张金隆，等. 产业共性技术分类模型方法研究[J]. 高技术通讯，2006，16(9)：924-927.

[82] 石敏杰，任海峰，何颖. 美国制造业创新中心建设与运营研究[J]. 新材料产业，2017(11)：42-46.

[83] 彭江. 军工芯片发展现状及展望[J]. 中国军转民，2020(2)：55-59.

[84] 蔡跃洲，马晔风，牛新星. 新冠疫情对集成电路产业的冲击与中国面临的挑战[J]. 学术研究，2020(6)：86-93，178.

[85] 程寰东，廖泽略，黄朝峰. "天河"系列超级计算机军民融合协同创新模式探析[J]. 国防科技，2015，36(5)：3-8.

[86] 张则瑾，陈锐. 我国颠覆性技术发展面临的主要问题和对策研究[J]. 今日科苑，2018(11)：59-62.

[87] 袁国兴，张云泉，袁良. 2020 年中国高性能计算机发展现状分析[J]. 计算机工程与科学，2020，42(12)：2103-2108.

[88] 赵子骏，张丹，李晋湘. 大力推进我国高端电子装备智能制造快速发展[J]. 国防科技工业，2019(5)：38-41.

[89] 宋晓丽，耿长江. 卫星导航系统性能规范及其评估结果研究[J]. 导航

定位学报，2019，7(2)：10-17，35.

[90] 蔡跃洲. 经济循环中的循环数字化与数字循环化：信息、物质及资金等流转视角的分析[J]. 学术研究，2022(2)：84-90+177.

[91] 郭晓林，鲁耀斌，张金隆，等. 产业共性技术与区域产业集群关系研究[J]. 中国软科学，2006(9)：111-115.

[92] 殷东平. 雷达先进制造技术现状与发展[J]. 电子机械工程，2016，32(4)：1-6.

[93] 刘亚威，任晓华. 未来飞机装配工厂的典型场景[J]. 航空制造技术，2014(21)：54-56.

[94] 许琦. 产业集群中知识扩散研究述评[J]. 科技管理研究，2012，32(21)：180-185.

[95] 王卓，郭洪范. 科技服务机构参与产业集群管理创新研究[J]. 中国高新技术企业，2013(9)：5-6.

[96] 刘彬彬. 基于产业集群形成机理的第三方物流产业集群研究[J]. 企业技术开发，2010，29(21)：85，95.

[97] 阮平南，刘冬卉. 组织演化视角的战略网络特征[J]. 决策与信息，2008(3)：54-56.

[98] 历军. 中国超算产业发展现状分析[J]. 中国科学院院刊，2019，34(6)：617-624.

[99] 裘著燕，郑波. 地方综合科研机构存在与发展的理论解释[J]. 科学与管理，2010，30(4)：8-13.

[100] 张全德，范京生. 我国卫星导航定位技术应用及发展[J]. 导航定位学报，2016，4(3)：82-88.

[101] 叶猛，屈贤明. 影响我国制造业发展的8大机械工程技术问题[J]. 金属加工(冷加工)，2012(1)：24-28.

[102] 罗玉明. 河南粮食加工产业集群发展对策分析[J]. 中小企业管理与科技(上旬刊)，2010(3)：60-61.

[103] 张成岗. 全球化时代的军民深度融合发展：基于军民知识融合视角的历史梳理与未来展望[J]. 人民论坛·学术前沿，2017(17)：10-20.

[104]　杨继涛，刘则渊. 技术创新联盟与区域产业集群发展关系研究[J]. 科技进步与对策，2011，28(6)：42-45.

[105]　张舰，黎文娟，赵芸芸，等. 美国产业集群发展有哪些启示?[N]. 中国电子报，2019-06-11.

[106]　杜芳. 高档数控机床技术工艺齐突围[N]. 中国工业报，2017-08-08.

[107]　彭静宇. 21世纪哪些创新将大放异彩？：世界航空制造业重要创新盘点[J]. 大飞机，2014(7)：31-35.

[108]　姜鲁鸣，王伟海. 军民融合发展进入新时代[N]. 光明日报，2018-02-03.

[109]　周丽燕. 高档数控机床创新点亮"中国智造"[N]. 人民政协报，2017-07-05.

[110]　王静. 我国数控机床攻克"卡脖子"难题[N]. 中国科学报，2017-06-27.

[111]　蒋庄德. 装备"巨舰"破浪前行[N]. 中国科学报，2017-10-16.

[112]　李娜. 百亿美元市场国产份额不足两成芯片设计工具之困何时解[N]. 第一财经日报，2021-06-25.

[113]　王秀红，曹琬婷，郭永辉，等. 军民融合知识创新网络阻滞成因及对策研究：基于系统动力学视角[J]. 郑州航空工业管理学院学报，2022，40(5)：50-59.

[114]　刘俊生，张克勇，王玮琦. 军民融合创新水平的空间特性及影响因素研究[J]. 未来与发展，2022，46(10)：5-12.

[115]　邵辉，徐冬根. 二元体制下我国军民融合深度发展的法治实施困境与对策[J]. 科技进步与对策，2022，39(10)：112-121.

[116]　许可，何丽敏，刘海波. 生产者视角下军民融合技术成果转化关键问题研究：基于知识网络案例分析[J]. 科技进步与对策，2022，39(6)：21-28.

[117]　李翔龙，王庆金，王焕良，等. 军民融合社会关系网络对军民融合新创企业成长的影响[J]. 科技进步与对策，2021，38(16)：125-134.

[118]　徐斌. 军民融合项目的风险控制管理和防范策略[J]. 中国集体经济，2021(16)：48-50.

[119]　宇岩，王春明，张丽佳，等. 以色列军民融合发展经验及其对我国的启示[J]. 世界科技研究与发展，2020，42(6)：677-687.

[120] 田力. 以军民融合助力产业转型升级研究[J]. 经济师，2023(4)：15-16.

[121] 苏庆列，余庚，黄美婷. 军民融合商用车应用技术人才培养模式探索[J]. 机电技术，2023(1)：118-120.

[122] 闫佳祺，罗瑾琏，钟竞，等. 军民融合企业双元创新的实现路径：一项双案例研究[J]. 管理评论，2023，35(2)：340-352.

[123] 许可，黄孔雀. 从"军工复合体"到"军工学复合体"：英国大学军工研发的背景、现状与特点[J]. 现代大学教育，2023，39(1)：44-57.

[124] 崔健，马源康，罗好琦. 军工企业混合所有制改革研究[J]. 合作经济与科技，2023(4)：120-122.

[125] 蒋雯，桂秉修，张湖源，等. 军工企业数字化转型驱动因素识别及实证分析[J]. 工业技术经济，2023，42(1)：71-78.

[126] 刘名祝. 军民融合产业与工业地产再融合帕累托最优研究[J]. 中国军转民，2022(24)：74-76.

[127] 於荣，于倩凡. 人工智能领域军民融合发展的探索及启示：以卡内基梅隆大学为例[J]. 江汉大学学报(社会科学版)，2022，39(6)：77-88，127.

[128] 徐书凝，余长春. 军民融合视域下航空复杂产品知识网络运行机制研究[J]. 科技广场，2022(6)：52-62.